高等职业院校信息通信类规划教材

光传输网技术综合实训

李　玮　编著

北京邮电大学出版社
www.buptpress.com

内 容 简 介

本书依托四川省教育厅 2018—2020 年高等教育人才培养质量和教学改革重点项目"点线面结合的职业能力培养体系研究与构建",在原有的校本教材的基础上重新设计并优化完成,主要包括光传输网、基于 SDH/MSTP 技术光传输网的综合实训、基于 OTN 技术光传输网的综合实训、光传输网的故障查询与维护四个章节的内容。读者完成本书学习后,能够对传输网的基础网络、设备和业务承载策略有全面的了解及掌握,提高全程全网概念和传输网安全概念;能够学习传输网的设计和配置的基础知识,提高业务配置和网络管理的概念;能够了解 OTN 技术基础知识,提高 OTN 在现网中的应用形式的概念;能够学习传输故障查询与维护的方法与手段,提高传输设备维护的能力。

本书注重实际生产中对通信光传输网技术配置与维护的训练,针对职业特点,选材适当、结构完整、实用性强,突出光传输网技术的配置操作与维护。本书可作为大专院校通信类专业光传输网络实训教材,也可供从事光传输网技术服务的工程技术人员学习参考。

图书在版编目(CIP)数据

光传输网技术综合实训 / 李玮编著. -- 北京:北京邮电大学出版社,2020.7(2024.1 重印)

ISBN 978-7-5635-6120-9

Ⅰ. ①光… Ⅱ. ①李… Ⅲ. ①光纤通信—同步通信网—技术培训—教材 Ⅳ. ①TN929.11

中国版本图书馆 CIP 数据核字(2020)第 119542 号

策划编辑:彭 楠 责任编辑:廖 娟 封面设计:七星博纳

出版发行:北京邮电大学出版社

社 址:北京市海淀区西土城路 10 号

邮政编码:100876

发 行 部:电话:010-62282185 传真:010-62283578

E-mail:publish@bupt.edu.cn

经 销:各地新华书店

印 刷:保定市中画美凯印刷有限公司

开 本:787 mm×1 092 mm 1/16

印 张:7.25

字 数:149 千字

版 次:2020 年 7 月第 1 版

印 次:2024 年 1 月第 3 次印刷

ISBN 978-7-5635-6120-9 定价:19.00 元

前　言

光传输是在发送方和接收方之间以光信号形态进行传输的技术。光传输设备就是把各种各样的信号转换成光信号在光纤上传输的设备，由光传输设备与光纤连接而成的网络，我们称为光传输网络。光传输网络由于具备技术成熟、信号稳定、传输距离长等优点而成为现代有线通信的主流技术。本书以光传输网络经典设备为基础，根据相关设备进行脱机、联机配置，以及维护练习，为正在从事和将要从事光传输网络技术的配置维护工作奠定良好的专业技能基础。

本书立足于高职通信类光传输网络相关技术的人才培养目标，遵循通信行业相关内容的行业发展需要，突出光传输网络技术中的职业性和应用性，强化实践能力的综合技术培养。本书共设置了4章内容，具体安排如下：

第1章光传输网，通过对传输网络基础技术和网络简介、业务承载策略等内容的学习，普及传输技术基础知识，提高全程全网概念和传输网安全概念，深化对传输网技术的理解。

第2章基于SDH/MSTP技术光传输网的综合实训，通过对传输网络脱机、联机组网设计与配置等内容的学习，了解传输网设计和配置的基础知识，明确业务配置和网络管理的概念，深化对传输网管理的理解。

第3章基于OTN技术光传输网的综合实训，通过对OTN设备的基础技术、网络简介和业务承载策略等内容的学习，普及OTN技术基础知识，明确OTN技术在现代通信网中应用形式的概念，深化对OTN技术的理解。

第4章光传输网的故障查询与维护，通过对传输网络基础故障查询与维护的学习，普及传输故障查询与维护的方法与手段，提高传输设备维护的能力，深化对传输网排障的理解。

本书由四川邮电职业技术学院实验实训中心李玮在原有的校本教材基础上优化编写而成，全书设计为28学时，主要在实训专周使用。由于作者水平有限，书中难免有错误与疏漏之处，恳请广大读者批评指正。

作　者

目　　录

第1章 光传输网

单元目的

通过对传输网络基础技术和网络简介、业务承载策略等的学习,普及传输技术基础知识,明确全程全网概念和传输网安全概念,深化对传输网技术的理解。

单元目标

1. 了解什么是传输网络;

2. 掌握不同技术在传输网中的使用现状;

3. 初步掌握现代通信网中 T2000 和 U2000 网管软件的基本应用。

单元学时

2 学时

现代通信网的三大支柱是光纤通信、卫星通信和无线电通信。其中,光纤通信具有许多突出的优点:频带宽,通信容量大,损耗低;中继距离长;抗电磁干扰;无串音干扰,保密性好;光纤线径细、重量轻、柔软;光纤的原材料资源丰富,用光纤可节约金属材料等。

光传输网定义:以光作为信息载体,利用光纤传输携带信息的光波以达到通信的目的。

传输网的作用:光传输网为业务网络提供信息传递的透明通道。

光传输网在网络中的位置:传输网是整个电信网络的基础网络。

传输网的分类:

一级干线传输网络是连接全国省会城市的传输网络,负责出国电路的传送及国内各省之间的业务联系。

二级干线传输网络是连接各省地级城市的传输网络,负责省内地级市之间的业务

1

联系。

本地传输网络是中心城市连接其所属郡、郊区的中继传输网络,负责中心城市与其管辖乡镇、郊区之间的业务联系。

城域传输网络是本地传送网覆盖中心城市的部分,也是本地传送网在城市区域的具体表现,负责为同一城市内的交换机、基站、路由器等业务节点提供传输电路。

1.1 光传输网络主要组网技术介绍

1.1.1 同步数字传送网络

SDH 设备除了完成复用、分插、传送等功能外,还集成了 DXC 灵活的业务调度功能。新的 SDH 网络充分利用新一代 SDH 设备的业务接入和业务调度能力,把整个网络业务的调度分散在网络的各相交节点进行,使业务的调度和传送合二为一进行。网络组织灵活,网络传送效率得到了提高,如图 1.1 所示。

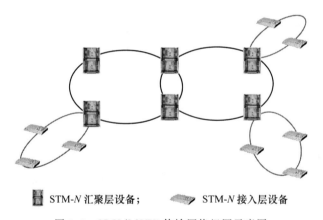

STM-N 汇聚层设备; STM-N 接入层设备

图 1.1　SDH/MSTP 传输网络组网示意图

MSTP(Multi-Service Transport Platform)设备指基于 SDH 平台,同时实现 TDM、ATM、以太网等业务的接入处理和传送,并提供统一网管的多业务节点设备。MSTP 是基于 SDH 的多业务传送平台实现技术,能满足多业务传送要求。

1.1.2 密集波分复用网络

早期的 DWDM 为点对点设备,又称为线性 DWDM 设备。这种设备与 SDH 设备相结合,形成点对点的 DWDM 网络,传输业务保护依靠 SDH 设备来完成,DWDM 系统只是提供"虚拟"光纤传输，如图 1.2 所示。

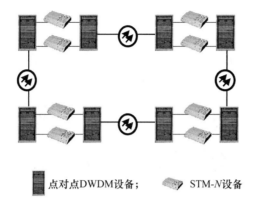

点对点DWDM设备；　　STM-*N*设备

图 1.2　早期 DWDM 传输网络组网示意图

新一代的 DWDM 设备——OADM 可以自行组成环网，实现网络保护，不必依赖 SDH 设备对传输业务进行保护。在使用 OADM 设备后，DWDM 网络开始具有简单的光层联网功能，如图 1.3 所示。

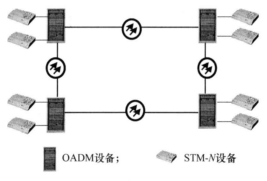

OADM设备；　　STM-*N*设备

图 1.3　OADM 组网示意图

1.1.3　全光网络

端到端之间的信号通道仍然保持着光的形式，中间没有光电转换。数据从源节点到目的节点的传输过程都在光域内进行，而其在各网络节点的交换则使用高可靠、大容量和高度灵活的光交叉连接设备（OXC）。在全光网络中，由于没有光电转换的障碍，所以允许存在不同的协议和编码形式，信息传输具有透明性，且无须面对电子器件处理信息速率难以提高的问题，如图 1.4 所示。

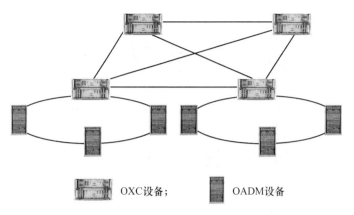

图 1.4　OTN 组网示意图

1.1.4　ASON 光网络

ASON 由三个独立的平面组成,即传送平面、管理平面和控制平面。它依赖信令网引入动态交换,使用智能化网元和各层面通用的信令协议,透明地跨越网络边界,建立可交换的连接。这将极大地增加网络的服务效率,包括带宽的高效复用和迅捷的服务提供。同时,智能光网络支持多用户信号,使光网络从传统的"管道网络"向"服务网络"角色转变,运营商收益将大幅增加。这种转变不是抛弃以前所建的网络,而是对旧网络进行适当的处理,最大限度地保护运营商原有的投资。ASON 使网络拓扑和可用资源的信息可以无误地得到控制,网络运行和维护费用将降到最低,如图 1.5 所示。

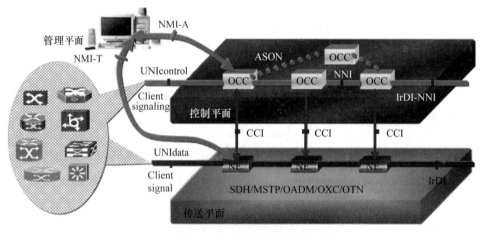

图 1.5　ASON 组网示意图

1.2 光传输网设备配置与维护基础

1.2.1 电信管理网

1. 电信管理网的基本概念

电信管理网(TMN):利用一个具备一系列标准接口(包括协议和消息规定)的统一体系结构,提供一种有组织的网络,使各种不同类型的操作系统(即网管系统)与电信设备互联,从而实现电信网络管理的自动化和标准化管理,并提供大量的各种管理功能,降低网络 OAM 成本,促进网络和业务发展演变,如图 1.6 所示。

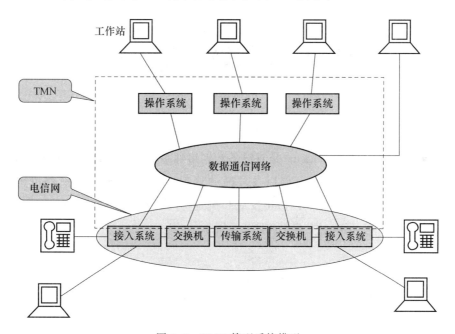

图 1.6　TMN 管理系统模型

TMN 在概念上是个独立网络,通过接口接收电信网信息并控制电信网运行。但是,TMN 也常利用电信网部分设施提供通信通道,因而两者物理上有部分重叠。

TMN 规模可大可小,最简单的情况是单个电信设备与单个操作系统连接;复杂的则有多个不同类型的操作系统和电信设备进行连接。

TMN 全面管理电信网络,包括电话网(交换)和传送网(传输)。

2. 网管功能分类

1) 性能管理

性能管理(Performance Management)负责监视网络的性能,完成收集网络中通道和有关网元实际运行的质量数据,为管理人员提供评价、分析、预测传输性能的手段,如图1.7所示。

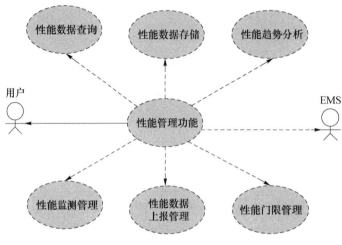

图 1.7 性能管理功能

2) 故障管理

故障管理(Fault Management)是对设备和网络通道的异常运行情况进行实时监视,完成对告警信号的监视、报告、存储以及故障的诊断、定位、处理等任务,并给出告警显示,使用户能在尽可能短的时间内做出反应和决定,并采取相应的措施,对故障进行隔离和校正,恢复因故障而影响的业务,如图1.8所示。

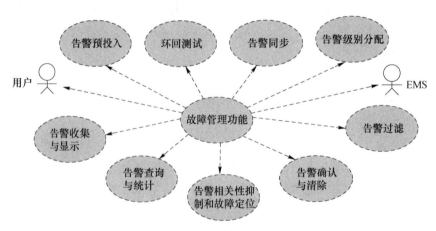

图 1.8 故障管理功能

3）配置管理

配置管理（Configuration Management）负责监控网络及网元设备的配置信息。网络配置涉及网络的物理安排，负责建立、修改和删除通道，当网络出现故障时，进行通道和设备的重新配置和路由恢复，如图 1.9 所示。

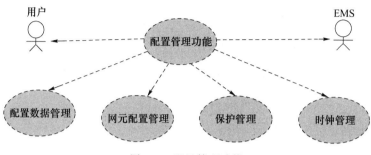

图 1.9　配置管理功能

4）账务管理

账务管理（Account Management）负责记录用户对网络业务的使用情况，以及确定使用这些业务的费用。通过本项功能可以收集计费记录和建立各种服务的记账参数。

5）安全管理

安全管理（Security Management）负责对访问管理系统的操作人员进行安全检查，避免未授权的操作人员对网络资源和网络管理功能的访问，如图 1.10 所示。

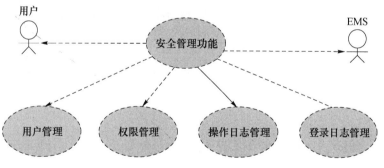

图 1.10　安全管理功能

1.2.2　T2000 网管软件

1. 启动/关闭 T2000

在安装了 T2000 网管的计算机桌面会看见四个图标，图 1.11 所示为其中 T2000Client 和 T2000Server 的图标。若是客户端的计算机则只有三个图标，缺少 T2000Server 图标。

图 1.11 T2000 网管图标

MSuite：T2000 网管系统维护工具。

T2000 系统监控：T2000 系统进程监控。

T2000Client：登录 T2000 客户端入口。

T2000Server：登录 T2000 服务器入口。

1）开启 T2000 服务器端

操作步骤：双击桌面上的图标  后出现信息对话框，随后出现登录对话框，输入用户名和密码，然后单击服务器名右边的 图标，出现右边的服务器设置对话框，选择服务器名为"服务器"的设置，最后双击"登录(L)"，如图 1.12 所示。

图 1.12 启动 T2000Server

如图 1.13 所示，T2000 网管服务器进程已全部启动。注意：必须在所有进程启动后方可登录 T2000 客户端。

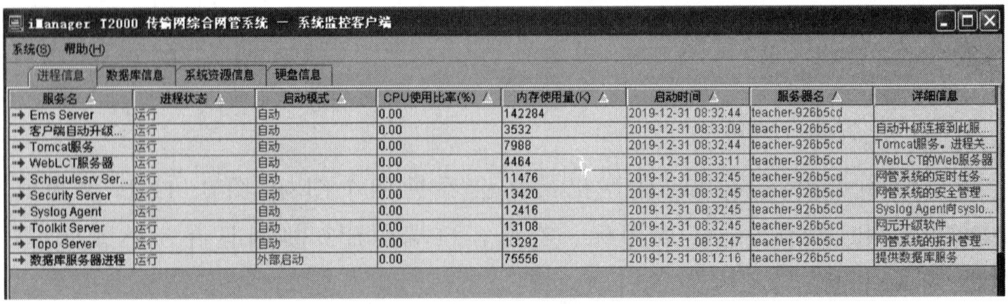

图 1.13 登录 T2000 服务器端

2）登录 T2000 客户端

操作步骤:双击桌面上的图标后出现下图中的登录对话框,输入用户名和密码,然后单击服务器名右边的图标,出现右边的服务器设置对话框,在该表中选择服务器名为"服务器"的设置,最后双击"登录(L)",如图 1.14 所示。登录后进入子网的界面图如图 1.15 所示。

图 1.14　启动 T2000Client

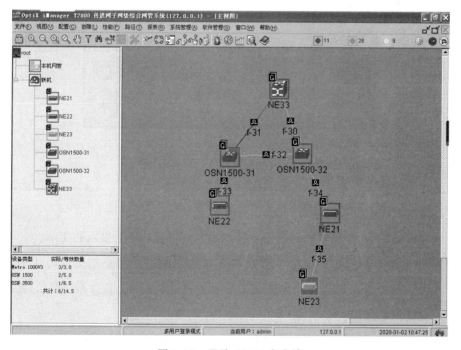

图 1.15　登录 T2000 客户端

3）退出 T2000 客户端

关闭 T2000 服务器端之前,应该先退出 T2000 客户端。

前提条件:T2000 客户端正常启动。

操作步骤:在主菜单中选择"文件→退出"。在弹出的"退出确认"对话框中单击"确定",退出客户端。

2. 设置客户端显示效果

操作步骤:在主菜单中选择"文件→惯用选项",如图 1.16 所示。

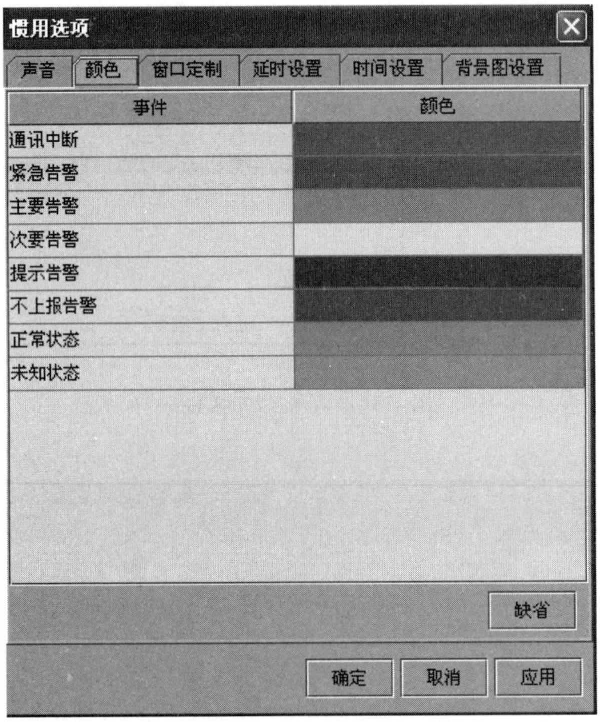

图 1.16　惯用选项

设置客户端显示效果:可以根据不同的使用习惯对 T2000 客户端的显示效果、显示特性进行定制。

设置主窗口标题:介绍了如何自定义客户端主窗口标题栏上显示的文字。

设置输出窗口显示效果:T2000 客户端界面底部的系统信息输出窗口主要显示对 T2000 系统或其他客户端运行产生影响的提示信息、操作回显信息等。例如,系统登录时的初始化提示信息等。

设置拓扑图显示效果:介绍如何设置 T2000 客户端拓扑视图的显示效果。

设置拓扑背景图:可以为不同的子图设置相应的、带有地理位置信息的背景图。通过背景图所反映的位置信息可以直观地了解设备所在的地理位置。

设置告警的提示颜色:通过设置提示颜色来定义在客户端所显示的告警提示颜色。

设置告警本地显示属性:通过设置告警本地显示属性来定义告警在 T2000 客户端的显示方式和效果。

3. 界面说明

主拓扑:完成网络的拓扑管理,包括创建拓扑对象、创建子图、锁定网元图标在拓扑图中的位置等;提供对保护子网的查找、浏览、创建、设置和管理,以及对孤立节点和出子网光口的管理功能;提供对路径的查找、创建、配置和维护管理功能,如图 1.17 所示。

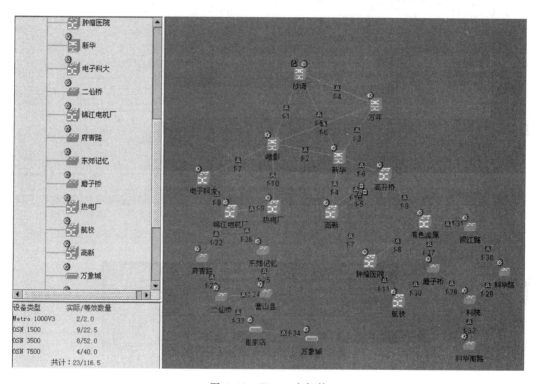

图 1.17　T2000 主拓扑

网元管理器:是管理 Optix 设备的主要操作界面。它以每个网元为操作对象,分别针对网元、单板或端口进行分层配置、管理和维护,因此它是 T2000 实现单站调测和配置的主要界面。网元管理器采用功能导航树的方式,操作方便快捷。用户首先选择相应的操作对象,然后在功能导航树中选择相应的功能节点,即可打开该功能的配置界面,如图 1.18 所示。

SDH 网元板位图:通过图标的方式显示网元单板和端口,并通过不同的图标颜色显示其当前的状态。在 T2000 中,网元板位图是配置、监视、维护设备的重要界面,如图 1.19 所示。

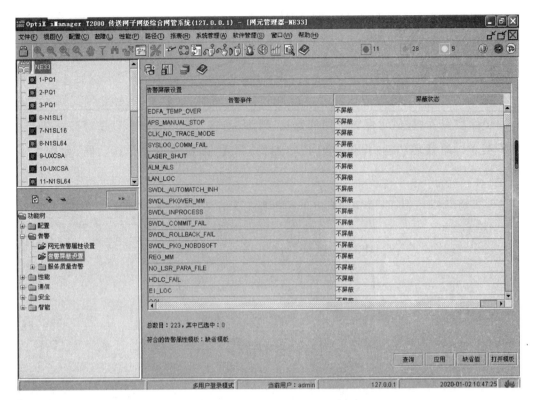

图 1.18　T2000 网元管理器

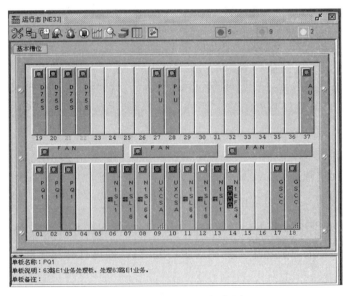

图 1.19　SDH 网元板位图

在工具栏上单击图标，可在网元板位图的右侧窗格中查看单板和端口的图例信息。这里以 Optix OSN3500 设备为例,如图 1.20 所示。

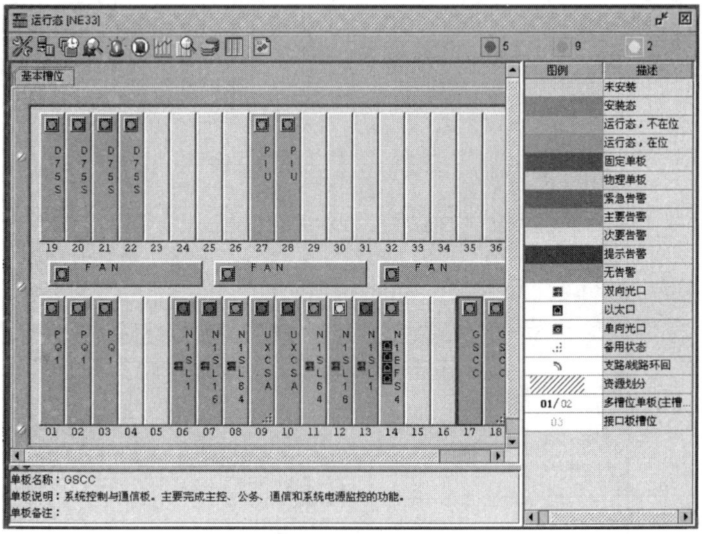

图 1.20　单板状况图

告警与事件浏览:在告警与事件浏览界面中,用户可以查看当前告警、历史告警、异常事件和告警统计信息。界面中各种按钮的使用,如相关性分析、过滤、刷新、同步、核对、确认等,有利于用户更快捷地找到告警原因。

在主菜单中选择"故障→浏览当前告警"。

在主菜单中选择"故障→浏览历史告警"。

在主菜单中选择"故障→浏览异常事件"。

在主菜单中选择"故障→告警统计"。

告警与事件浏览界面如图 1.21 所示。

性能浏览:通过性能浏览窗口,可以查看当前性能数据、历史性能数据、不可用时间和性能越限记录的信息。

操作步骤:在主菜单中选择"性能→SDH 性能浏览",如图 1.22 所示。

4. 菜单说明

在此简单介绍 T2000 的主菜单和主菜单下各个子菜单的功能。

文件菜单:介绍"文件"主菜单下的各项子菜单。

编辑菜单:介绍"编辑"主菜单下的各项子菜单。

视图菜单:介绍"视图"主菜单下的各项子菜单。

配置菜单:配置菜单用于网络配置和网络管理。

保护子网菜单:介绍"保护子网"主菜单下的各项子菜单。适用于 SDH、WDM 和 RTN 设备。

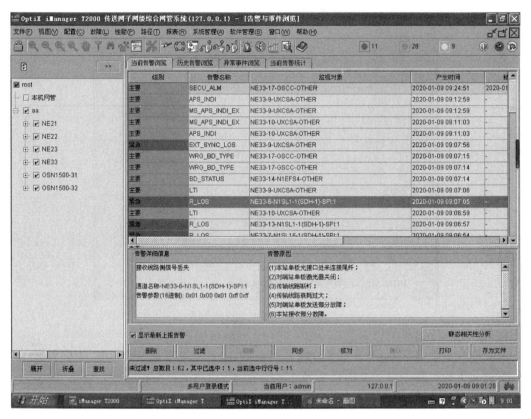

图 1.21　告警查询

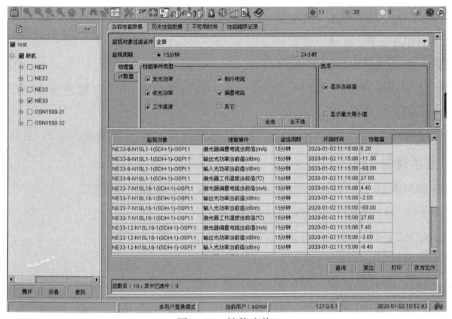

图 1.22　性能查询

时钟视图菜单:介绍"时钟视图"菜单下的各项子菜单。适用于 SDH 和 RTN 设备。

故障菜单:介绍"故障"主菜单下的各项子菜单。

性能菜单:用于浏览分析当前性能数据和历史性能数据,以及设置性能门限模板和性能监视时间。若采样数据足够,可根据不同预测条件对性能中长期参数进行预测。

路径菜单:用来实现 SDH 端到端管理、以太网端到端管理、波分端到端管理以及 SDH 和以太网的离散业务管理。适用于 SDH 设备。

报表菜单:用于生成各种类型的报表。

系统菜单:介绍"系统"主菜单下的各项子菜单。

数据中心菜单:数据中心菜单下各功能主要用来升级网元软件,包括升级前的网元相关数据备份操作和升级发生异常后的恢复操作。

窗口菜单:介绍"窗口"主菜单下的各项子菜单。

帮助菜单:用来查看联机帮助、网管的版本信息和注册信息,以及更换 License。

5. T2000 注意事项

为保证系统正常工作,请注意以下事项:

(1) 请在网管系统安装前设置好系统时间,禁止在 T2000 运行过程中修改系统时间。

① 如果要修改服务器系统时间,一定要先关闭 T2000 服务器端,修改完成后重新启动 T2000 服务器端。

② 如果要修改客户端系统时间,一定要先关闭 T2000 客户端,修改完成后重新启动 T2000 客户端。

(2) 不要随便修改 T2000 服务器计算机的名字和 IP 地址。

在 SUSELinux、Solaris 平台下,登录 T2000 服务器操作系统时,请使用 T2000 用户登录;在 Windows 平台下,必须使用安装 T2000 时的用户登录。请不要更改 Windows 的登录用户。

(3) T2000 使用过程中,要严格保证网元侧和网管侧的数据一致。当网元上的数据配置完成并运行正常时,利用手动或自动同步功能,保持网元和网管数据的一致性。

(4) 定期备份网管数据库,最大程度地减小系统出现异常时造成的损失。

(5) 在设置参数前,建议先从网元侧查询最新数据。

(6) 在执行危险操作时,T2000 将给出提示信息,提醒操作者注意。

(7) T2000 联机帮助只有在不带中文字符的文件路径下才能正常运行,所以 T2000 必须安装在不带中文字符的文件路径下。

1.2.3　U2000 网管软件

1. U2000 客户端

在安装了 U2000 网管的电脑桌面会看见四个图标，如图 1.23 所示。

图 1.23　U2000 网管相关图标

操作步骤：

(1) 系统桌面上双击"U2000 客户端"快捷图标，弹出"登录"对话框。

(2) 在"服务器"下拉列表框中，选择待登录的服务器。

(3) 输入合法的用户名和密码，单击"登录"。

U2000 实现了对网元软件和数据的管理功能，如软件升级、打补丁、周期配置数据备份、手动数据恢复等功能。

任务管理：通过任务的方式，提供一键式网元软件升级和打补丁功能。通过配置升级任务，用户可以预先批量选择待升级网元，配置升级所需要的步骤，在触发任务运行后，达到一键式升级的效果，最大程度减少手动操作，并提高升级性能。

策略管理：系统支持配置数据备份策略/保存策略，使网元根据配置的策略周期性的自动备份/保存数据，也可以修改、挂起、运行网元备份/保存策略。

数据管理：系统支持手动和自动两种备份方式，可以在数据中心图形用户界面备份数据。系统支持恢复网元的备份数据，可以在数据中心图形用户界面恢复网元历史备份数据。

软件库管理：系统支持对于网元软件的管理功能，可以将网元软件导入系统的软件库中，进行正规化管理。用户在升级时，可以根据软件库管理的软件选取升级目标软件。

2. 软件管理操作

1) 配置网管服务器

操作步骤：

(1) 在主菜单中，单击"网元软件管理→FTP 设置"，弹出"FTP 设置"对话框，如图 1.24 所示。

(2) 默认打开"系统信息"页签。

(3) 选择"单网卡配置"。

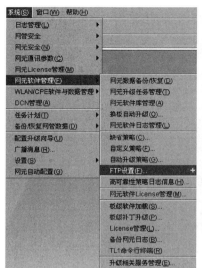
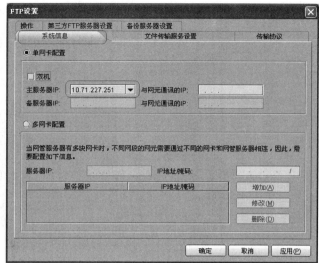

图1.24 配置网管服务器

（4）填写服务器IP。

（5）单击"应用"，将修改应用到系统信息设置中，弹出"操作结果"对话框。

（6）单击"确定"，成功配置系统信息。

2）网元信息查询

在网元树上选择网元类型后，右侧"网元视图"将显示该类型的所有网元信息和版本信息。

在网元树上选择网元版本节点后，右侧"网元视图"将显示该版本对应的所有网元的网元信息，如图1.25所示。

操作步骤：

（1）在主菜单中，单击"网元软件管理→网元数据备份/恢复"，打开"网元视图"页签。

（2）在"网元视图"页签上选择一条网元详细信息，查看网元的"策略信息"。

（3）"备份"显示的内容包括备份周期、备份日、备份时间、备份前保存、启动服务改变备份策略、策略状态。

（4）"保存"显示的内容包括保存周期、保存日、保存时间、策略状态。

（5）在"网元视图"页签选择一条网元详细信息，单击"单板信息"页签查看网元单板的详细信息。"单板信息"页签显示所选网元的单板信息，包括单板位置详细信息、单板名称和单板版本。如果无法获取所选网元的详细信息，"单板信息"页签不显示单板信息。

（6）在"网元视图"页签选择一条网元详细信息，单击"备份信息"页签查看网元的备份信息。

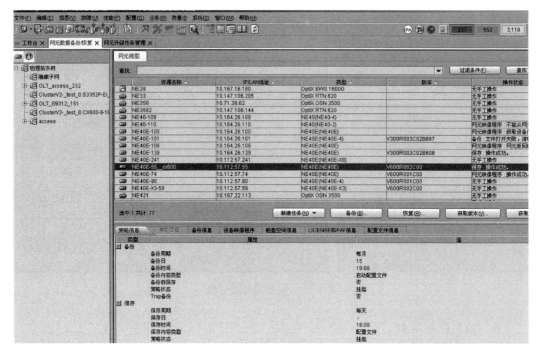

图 1.25 网元信息查询

（7）"网元镜像程序"页签显示的内容包括程序名称、程序地址、程序大小和程序版本。

（8）"磁盘空间信息"页签显示的内容包括磁盘名称、磁盘类别、磁盘容量和剩余空间。

（9）"LICENCE 和 PAF 信息"页签显示的内容包括文件名称、文件地址和文件大小。

（10）"配置文件信息"页签显示的内容包括配置文件名称、文件地址和文件大小。

3）保存网元配置

同一时刻可以将一个或者多个同类网元的数据保存到网元的 Flash 闪存或者网元硬盘上。

前提条件：同一时刻只能对同一种类型的多个网元进行此操作。

背景信息：在网元导航树中选择了某种网元类型节点，在网元视图列表中会显示该类型所有网元信息。

操作步骤：

（1）在主菜单中，单击"网元软件管理→网元数据备份/恢复"，打开"网元视图"页签。

（2）在"网元视图"窗格中，选择一个或多个同类型网元，单击右键。在右键菜单中，选择"保存"，如图 1.26 所示。

（3）在"保存"对话框中单击"开始"。在网元的"操作状态"栏中，显示操作进度，如图1.27 所示。

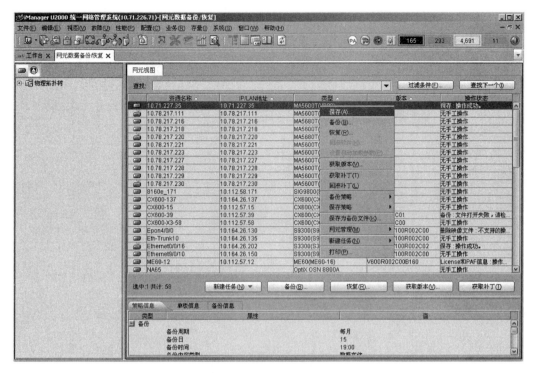

图 1.26　网元配置

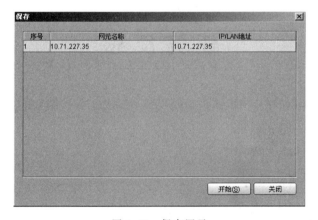

图 1.27　保存网元

　　操作结果:当操作成功,会在网元视图列表的操作状态栏中显示保存操作成功,如图1.28所示。

图 1.28　网元保存结果

任 务 反 思

1. T2000 网管软件在 TMN 结构中处于哪一层次？主要实现哪些功能？
2. 简述 T2000 网管的功能。
3. 简述 T2000 网管的使用。
4. 简述 U2000 网管的功能。
5. 简述 U2000 网管的使用。
6. 网管例行维护经常进行哪些操作检查？

第 2 章　基于 SDH/MSTP 技术 光传输网的综合实训

单元目的

通过对传输网络脱机和联机组网设计与配置等的学习,掌握传输网的设计和配置的基础知识,明确业务配置和网络管理的概念,深化对传输网管理的理解。

单元目标

1. 熟悉现网中常见的传输设备;
2. 掌握不同的业务配置方法;
3. 初步掌握传输设备在线业务配置与调试。

单元学时

14 学时

2.1　SDH/MSTP 典型设备认识

2.1.1　Optix OSN7500 设备简介

Optix OSN7500 智能光传输系统支持分组交换和传送,同时又继承了 MSTP 技术的全部特点,与传统 SDH、MSTP 网络保持兼容,融 SDH/PDH、以太网、WDM、ATM、ESCON/FC/FICON、DVB-ASI、RPR 等技术为一体,应用在汇聚层和核心层的新一代集成型 10G/2.5G 多业务智能光传输平台。图 2.1 所示为设备外观,图 2.2 所示为设备的槽位号及对偶槽位。

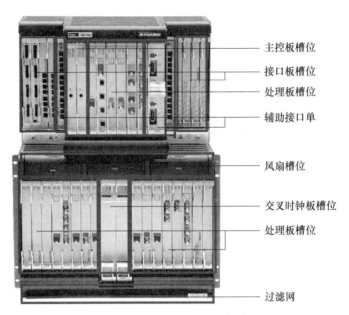

主控板槽位
接口板槽位
处理板槽位
辅助接口单
风扇槽位
交叉时钟板槽位
处理板槽位
过滤网

图 2.1 Optix OSN7500 设备外观

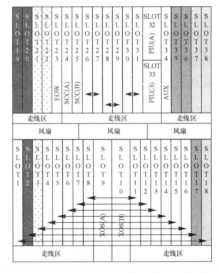

图 2.2 Optix OSN7500 槽位号及对偶槽位

同时,Optix OSN7500 支持产品向智能光网络平滑演进,主要应用于行业市场的汇聚层和接入层,并和会聚层、核心层的 OSN9500/OSN3500/OSN2500/OSN1500 板件共享;Optix OSN7500 支持智能特性,可完成端到端的业务自动配置、SLA 服务、流量工程、时隙碎片优化、Mesh 时钟跟踪等,有效提高网络利用率。

Optix OSN7500 支持 1588V2 高精度时钟传送,可实现仅通过传送网络为电力、金融等行业提供准确的时间同步。

2.1.2　Optix OSN3500 设备简介

Optix OSN3500 是 STM-64 MSTP 设备。子架尺寸为 498 mm(宽)×287 mm(深)×700 mm(高),可装入 300 mm 深 ETSI 机柜,2 200 mm 机柜可装入两个子架。OSN3500 根据交叉板规格不同,分为配置 I(40G 容量)和配置 II(80G 容量),以满足不同容量网络需求;业务槽位丰富,最多支持 15 个业务处理板槽位;支路业务上下能力强,有 16 个支路接口板槽位,单子架上下 504 个 2M、32 个 E4、48 个 E3/DS3 提供 STM-1/4/16/64 的群路速率;丰富的业务接口,E1/T1、E3/T3、E4、STM-1(E)、STM-1/4/16/64、FE、GE、ATM、SAN、内置 WDM;支持扩展机框上下额外业务,与主机框通过电缆连接,降低成本(R2)。设备外观如图 2.3 所示,设备槽位及对偶槽位如图 2.4 所示。

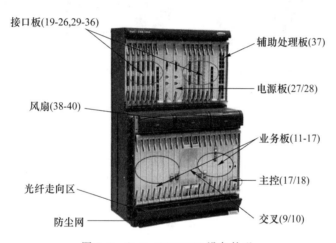

图 2.3　Optix OSN3500 设备外观

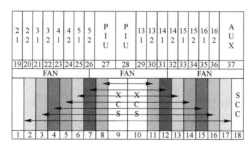

图 2.4　Optix OSN3500 槽位号及对偶槽位

2.1.3　Optix OSN1500 设备简介

Optix OSN1500 是经济、紧凑型 STM-1/4 MSTP 设备,支持升级到 STM-16 系统。子架尺寸为 221 mm(高)×448 mm(宽)×287 mm(深),可装入 300 mm 深 ETSI 机柜。

设备上层 2U 高为接口区,下层 3U 高为处理板;支持 CXL1/4、CXL16;支持 9 个业务处理板槽位;1、2、3 三个板位可拆分为两个小板位,业务槽位增加到 12 个;单子架上下 126 个 2M、8 个 E4、12 个 E3/DS3;提供 STM-1/4/16 的群路速率;丰富的业务接口,E1/T1、E3/T3、E4、STM-1(E)、STM-1/4/16/64、FE、GE、ATM、SAN、内置 WDM。图 2.5 所示为设备外观,图 2.6 所示为设备槽位号和对偶槽位。

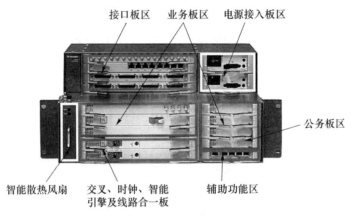

图 2.5　Optix OSN1500 设备外观

	SLOT 14	SLOT 18 PIU
	SLOT 15	
	SLOT 16	SLOT 19 PIU
	SLOT 17	
Slot 20 FAN	SLOT 11(2.5G)	SLOT 6(622M)
	SLOT 12(2.5G)	SLOT 7(622M)
	SLOT 13(2.5G)	SLOT 8(622M)
	SLOT 4(2.5G)	SLOT 9(622M)
	SLOT 5(2.5G)	SLOT 10 AUX

	SLOT 14	SLOT 18 PIU
	SLOT 15	
	SLOT 16	SLOT 19 PIU
	SLOT 17	
SIOT 20 FAN	SLOT 1 (1.25G)←→SLOT 11 (1.25G)	SLOT 6(622M)
	SLOT 2 (1.25G)←→SLOT 12 (1.25G)	SLOT 7(622M)
	SLOT 3 (1.25G)←→SLOT 13 (1.25G)	SLOT 8(622M)
	SLOT 4 CXL1/4, CXL16	SLOT 9(622M)
	SLOT 5 CXL1/4, CXL16	SLOT 10 AUX

图 2.6　Optix OSN1500B 对偶板位与槽位容量

2.1.4　光模块简介

常见光模块类型如表 2.1 所示。

表 2.1　常见光模块类型

光模块类型	I-64.1	S-64.2b	L-64.2b	Le-64.2	Ls-64.2	V-64.2b(BA+PA+DCU)
波长/nm	1 310	1 550	1 550	1 550	1 550	1 550.12
传输距离/km	0～2	2～40	30～70	30～70	80	70～120
发送光功率/dBm	−6～−1	−1～2	10～14	1～4	3～5	12～15
光接收灵敏度/dBm	−11	−14	−14	−19.5	−21	−23
过载光功率/dBm	−1	−1	−3	−9	−9	−7

光模块类型	I-64.1	S-64.2b	L-64.2b	Le-64.2	Ls-64.2	V-64.2b(BA+PA+DCU)
最大色散容限/(ps·nm^{-1})	6.6	800	1 600	1 200	1 600	800
长期工作环境	温度:0 ℃～45 ℃,湿度:10％～90％					
短期工作环境	温度:−5 ℃～50 ℃,湿度:5％～95％					
存储环境	温度:−40 ℃～70 ℃,湿度:10％～100％					
运输环境	温度:−40 ℃～70 ℃,湿度:10％～100％					

2.1.5　SDH/MSTP 典型设备认识练习

根据实际情况填写表 2.2～表 2.6 中的设备配置。

表 2.2　Optix OSN3500 实际配置填写

槽位号	所配置单板	主要功能

(备注:表格不够请自行添加)

表 2.3　Optix OSN1500-1 实际配置填写

槽位号	所配置单板	主要功能

(备注:表格不够请自行添加)

表 2.4　Optix OSN1500-2 实际配置填写

槽位号	所配置单板	主要功能

(备注:表格不够请自行添加)

表 2.5　Metro1000V3-1 实际配置填写

槽位号	所配置单板	主要功能

（备注：表格不够请自行添加）

表 2.6　Metro1000V3-2 实际配置填写

槽位号	所配置单板	主要功能

（备注：表格不够请自行添加）

2.2　基于 SDH/MSTP 技术的光传输网网络规划

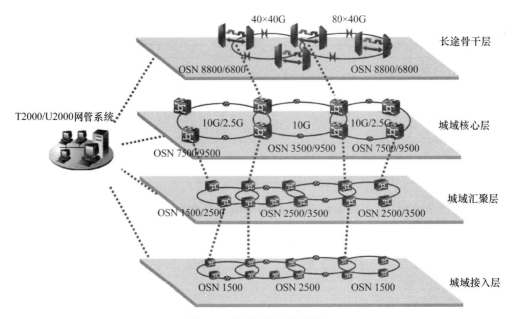

图 2.7　传输网的网络分层

2.2.1　光传输网络规划说明

长途骨干层：用来连接多个局域和地区网的高速传输网络，链路上传输容量大，通常采用 DWDM 波分设备。

城域核心层：实现骨干网络之间的优化传输，骨干层设计任务的重点通常是冗余能力、可靠性和高速的传输。该层重点在网络的控制功能上流量的最终承受和汇聚，包含的设备传输容量是 STM-64，速率为 10G。常用的设备有 OSN9500/OSN7500、Metro5000 等。

城域汇聚层：连接接入层节点和核心层中心，即连接本地的逻辑中心，其传输容量是 STM-16，速率为 2.5G。常用的设备有 OSN3500/OSN2500 等。

城域接入层：指网络中直接面向用户连接或访问的部分。其传输容量是 STM-4/1，速率为 622M/155M。常用的设备有 OSN1500、Metro1000/Metro1000(V3)等。

图 2.8 所示为××市各区县的光缆示例图，图 2.9 所示为图 2.8 所建设的某一部分区域的传输网络站点层次结构。

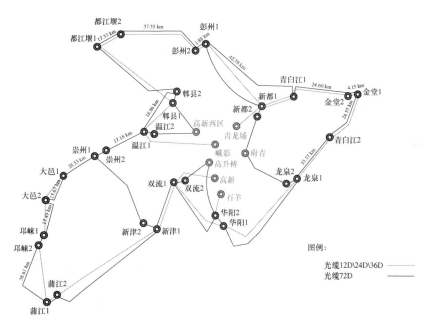

图 2.8　××市到各区县光缆示例图

2.2.2　基于 SDH/MSTP 光传输网的规划练习

请自行选择一个城市进行相应的网络拓扑结构设计。

示例：以××市站点为例，共选择 23 个站点，其网络设计如图 2.9 所示。

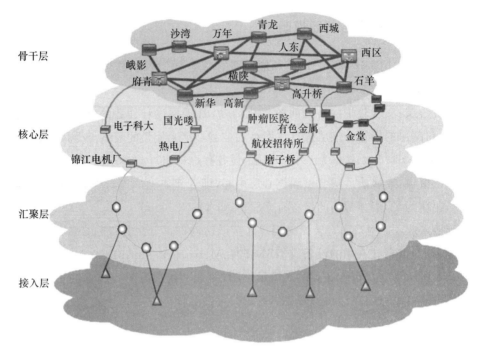

图 2.9 ××市传输网结构示例图

表 2.7 站点规划

网络层	选用设备	站点名称
核心层	OSN7500	沙湾、峨影、新华、万年
汇聚层	OSN3500	电子科大、锦江电机厂、热电厂、高新、高升桥、肿瘤医院、航校、有色金属
接入层	OSN1500 Metro1000V3	府青路、理工大、东郊记忆、二仙桥、崔家店、万象城、磨子桥、顺江路、中科院、科华路、科华南路

2.3 基于 SDH/MSTP 技术的光传输网的 TDM 业务实现(脱机训练)

2.3.1 网络的建立

登录 T2000Server 和 T2000Client,登录用户名:admin,登录密码:T2000。

步骤一:创建子网。以"班级＋姓名"命名子网名称。

在视图界面点击右键,选择"新建",然后点击"子网",如图 2.10 所示。

步骤二:创建拓扑对象。根据组网规划和设备选型,完成拓扑对象的创建。

图 2.10　创建子网

在视图界面点击右键,选择"新建",然后点击"拓扑对象",选择对应网元类型,并输入网元基本属性(ID 号、名称、网关类型、网元用户、密码等),如图 2.11 所示。

注:在一个子网内只能创建一个网元为网关,其余网元为非网关。

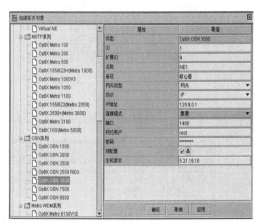

图 2.11　创建拓扑对象

界面说明:

ID:唯一。

扩展 ID:如果没有更改,默认为 9。

名称:建议格式为"ID＋机房名称"。

备注:可不填写。

网关类型:有两个选项网关(可理解为通过网线直接与网管连接的设备)和非网关网元(通过光纤与网关网元连接的设备)。

协议:网关网元的话则选择 IP。

IP 地址:默认值,格式为 129.扩展 ID.0.网元 ID。

端口:默认 1400。

用户名:默认 root。

密码:password。

预配置:联机不要选择(脱机实验网络时须选上)。

步骤三:初始化网元。根据设备选型和业务需要,完成单板的配置。

选中网元点击右键,选择"配置向导→手工配置→下一步",如图 2.12 所示。

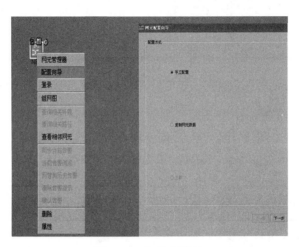

图 2.12　初始化网元

(1) Optix OSN7500 单板配置参考,如图 2.13 所示。

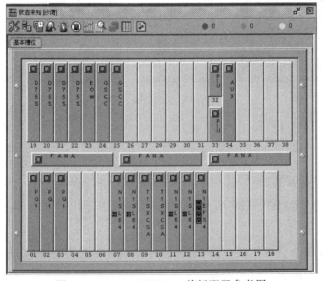

图 2.13　Optix OSN7500 单板配置参考图

（2）Optix OSN3500 单板配置参考，如图 2.14 所示。

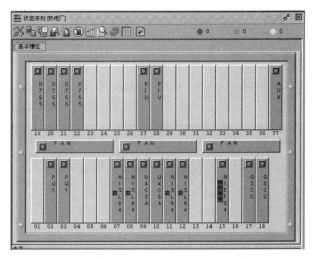

图 2.14　Optix OSN3500 单板配置参考图

（3）Optix OSN1500 单板配置参考，如图 2.15 所示。

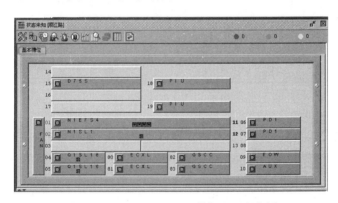

图 2.15　Optix OSN3500 单板配置参考图

（4）Metro1000 V3 单板配置参考，如图 2.16 所示。

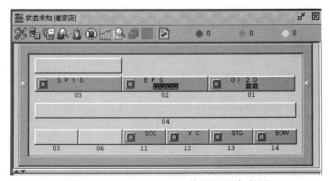

图 2.16　Metro1000 V3 单板配置参考图

步骤四:创建纤缆连接。点击常用菜单中 ⬿ 图标,选择网元,选择网元内对应的光接口板,按2.2.2中的业务规划实现网元间的光纤连接。

具体步骤如下:

(1)在两个网元选择对应的光线路单板。

(2)完成相应的光纤链路属性(源/宿网元及槽位、级别、方向、衰耗、长度等),如图2.17所示。

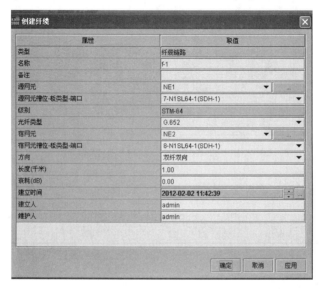

图2.17　光纤链路属性

注:在链路连接时,只有同等速率的光接口才能对接,连接参考如图2.18所示。

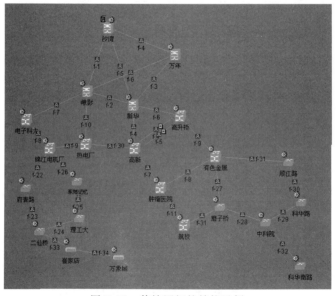

图2.18　传输网拓扑结构示例

2.3.2　SDH 业务规划(传统 TDM 业务)及配置

示例一:SNCP 环的业务配置(以沙湾、峨影、新华、万年环网为例)

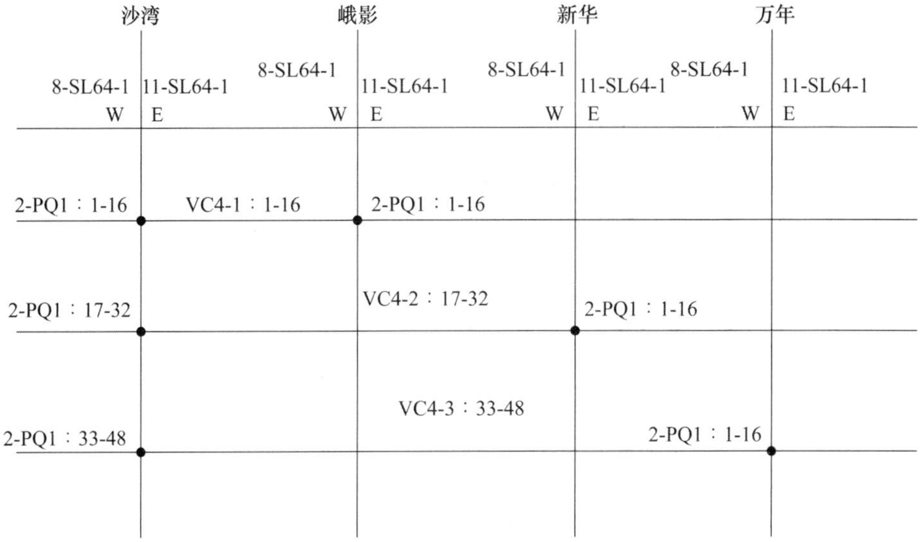

图 2.19　沙湾、峨影、新华、万年环网时隙分配图

SNCP 环的业务配置(以沙湾、峨影、新华、万年环网为例)步骤如下。

步骤一:在沙湾网元处进行 SNCP 的业务配置,如图 2.20 所示。

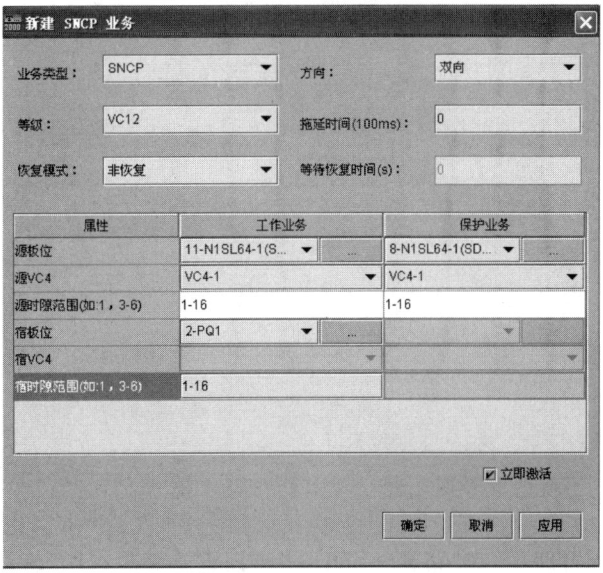

图 2.20　沙湾网元的业务配置

步骤二:在新华、万年做穿通业务配置,如图 2.21 所示。

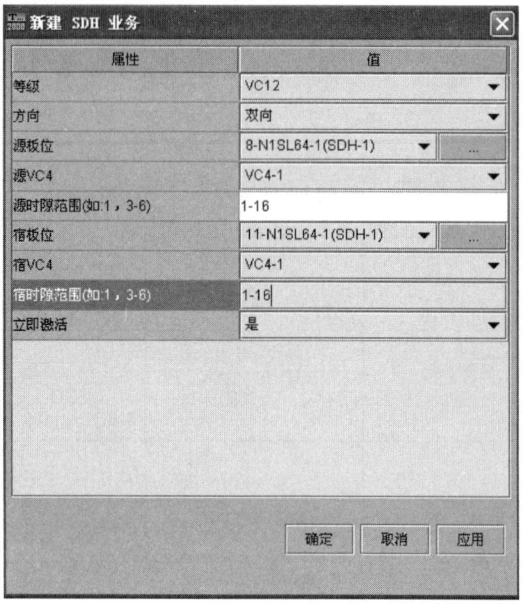

图 2.21　新建穿通业务

步骤三:在峨影网元处进行 SNCP 的业务配置,如图 2.22 所示。

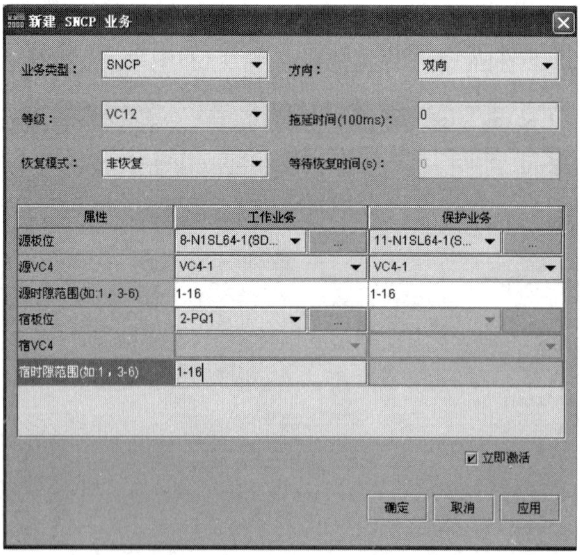

图 2.22　峨影网元的业务配置

步骤四:查看配置路径,在"路径→SDH 路径搜索→路径视图"查询结果如图 2.23 所示,图 2.24～图 2.27 为各网元业务配置查询结果,图 2.28 为查询相关路径结果,本结果检查配置主备路径是否正确。

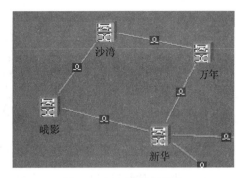

图 2.23　查询相关配置

VC12时隙编号策略: 顺序方式(ITU-T)
交叉连接

等级	类型	源板位	源时隙/通道	宿板位	宿时隙/通道	激活状态	
VC12	→	2-PQ1	1-16	8-N1SL64-1(SDH-1)	VC4:1:1-16	是	
VC12	↗↑	2-PQ1	1-16	11-N1SL64-1(SDH-1)	VC4:1:1-16	是	

图 2.24　沙湾站点业务配置

VC12时隙编号策略: 顺序方式(ITU-T)
交叉连接

等级	类型	源板位	源时隙/通道	宿板位	宿时隙/通道	激活状态	
VC12	↗↑	2-PQ1	1-16	8-N1SL64-1(SDH-1)	VC4:1:1-16	是	
VC12	→	2-PQ1	1-16	11-N1SL64-1(SDH-1)	VC4:1:1-16	是	

图 2.25　峨影站点业务配置

VC12时隙编号策略: 顺序方式(ITU-T)
交叉连接

等级	类型	源板位	源时隙/通道	宿板位	宿时隙/通道	激活状态	
VC12	⇆	8-N1SL64-1(SDH-1)	VC4:1:1-16	11-N1SL64-1(SDH-1)	VC4:1:1-16	是	

图 2.26　新华站点业务配置

VC12时隙编号策略: 顺序方式(ITU-T)
交叉连接

等级	类型	源板位	源时隙/通道	宿板位	宿时隙/通道	激活状态	
VC12	⇆	8-N1SL64-1(SDH-1)	VC4:1:1-16	11-N1SL64-1(SDH-1)	VC4:1:1-16	是	

图 2.27　万年站点业务配置

图 2.28　查看路径视图

示例二:两纤双向复用段环的业务配置(以新华、高新、高升桥环网为例)

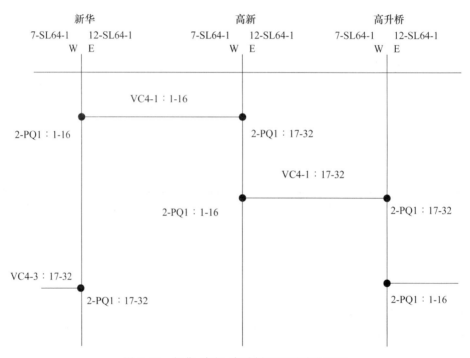

图 2.29　新华、高新、高升桥环网时隙分配图

两纤双向复用段环的业务配置(以新华、高新、高升桥环网为例)步骤如下。

步骤一:从新华网元的配置中进入环形复用段,如图 2.30 所示。

步骤二:根据业务规划配置新华到高新的业务,如图 2.31 所示。

步骤三:根据业务规划配置新华到高升桥的业务,如图 2.32 所示。

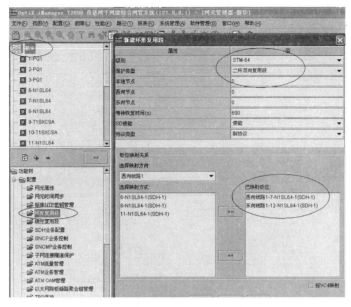

图 2.30　建立新华网元的环形复用段

图 2.31　新华到高新业务配置

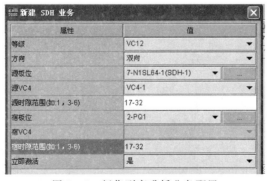

图 2.32　新华到高升桥业务配置

步骤四:从高新网元的配置中进入环形复用段,如图 2.33 所示。

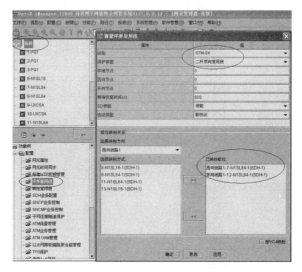

图 2.33　建立高新网元的环形复用段

步骤五:根据业务规划配置高新到高升桥的业务,如图 2.34 所示。

属性	值
等级	VC12
方向	双向
源板位	12-N1SL64-1(SDH-1)
源VC4	VC4-1
源时隙范围(如:1，3-6)	1-16
宿板位	2-PQ1
宿VC4	
宿时隙范围(如:1，3-6)	1-16
立即激活	是

图 2.34　高新到高升桥业务配置

步骤六:根据业务规划配置高新到新华的业务,如图 2.35 所示。

属性	值
等级	VC12
方向	双向
源板位	7-N1SL64-1(SDH-1)
源VC4	VC4-1
源时隙范围(如:1，3-6)	17-32
宿板位	2-PQ1
宿VC4	
宿时隙范围(如:1，3-6)	17-32
立即激活	是

图 2.35　高新到新华业务配置

步骤七:从高升桥网元的配置中进入环形复用段,如图 2.36 所示。

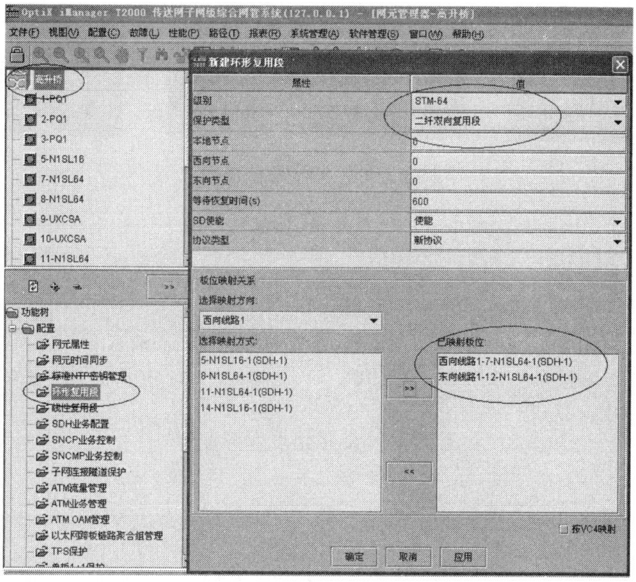

图 2.36　建立高升桥网元的环形复用段

步骤八:根据业务规划配置高升桥到高新的业务,如图 2.37 所示。

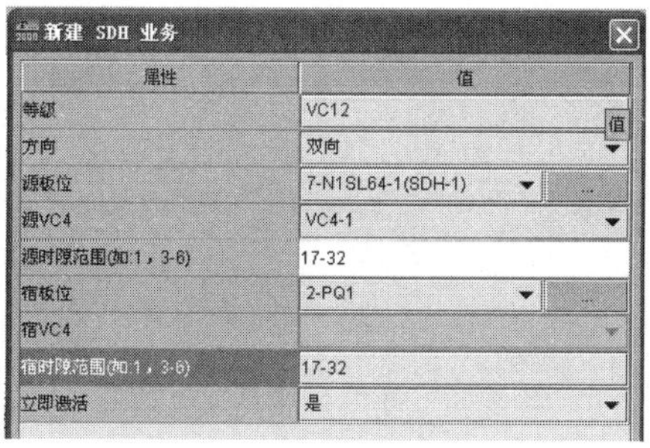

图 2.37　高升桥到高新的业务配置

步骤九:根据业务规划配置高升桥到新华的业务,如图 2.38 所示。

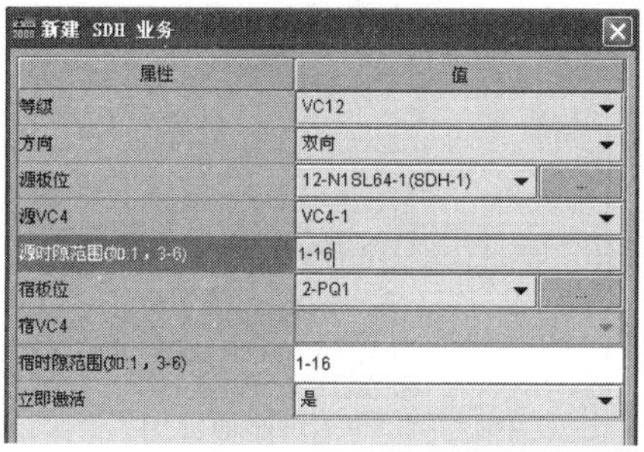

图 2.38　高升桥到新华的业务配置

步骤十:查询相关配置,如图 2.39～图 2.42 所示。

 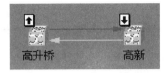 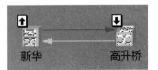

图 2.39　查看路径视图

VC12时隙编号策略: 顺序方式(ITU-T)
交叉连接

等级	类型	源板位	源时隙/通道	宿板位	宿时隙/通道	激活状态	
VC12	⬆⬇	2-PQ1	17-32	7-N1SL64-1(SDH-1)	VC4:1:17-32	是	-
VC12	⬆⬇	2-PQ1	1-16	12-N1SL64-1(SDH-1)	VC4:1:1-16	是	-

图 2.40　新华站点业务配置

VC12时隙编号策略: 顺序方式(ITU-T)
交叉连接

等级	类型	源板位	源时隙/通道	宿板位	宿时隙/通道	激活状态	绕
VC12	⬆⬇	2-PQ1	17-32	7-N1SL64-1(SDH-1)	VC4:1:17-32	是	
VC12	⬆⬇	2-PQ1	1-16	12-N1SL64-1(SDH-1)	VC4:1:1-16	是	

图 2.41　高新站点业务配置

VC12时隙编号策略: 顺序方式(ITU-T)
交叉连接

等级	类型	源板位	源时隙/通道	宿板位	宿时隙/通道	激活状态	
VC12	⬆⬇	2-PQ1	17-32	7-N1SL64-1(SDH-1)	VC4:1:17-32	是	
VC12	⬆⬇	2-PQ1	1-16	12-N1SL64-1(SDH-1)	VC4:1:1-16	是	

图 2.42　高升桥站点业务配置

步骤十一:搜索保护视图,步骤如图 2.43～图 2.46 所示。

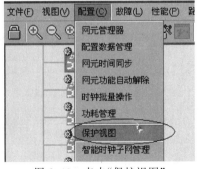

图 2.43　点击"保护视图"

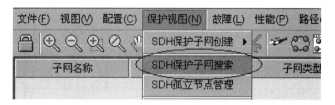

图 2.44　点击"SDH 保护子网搜索"

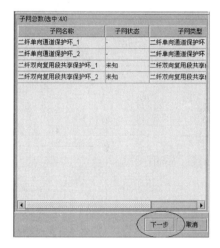

图 2.45　点击"下一步"

图 2.46　点击"搜索"

步骤十二:查看保护视图,"配置→保护视图"查询结果如图 2.47 所示。

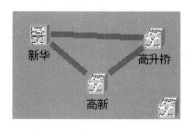

图 2.47　查询保护环结果

示例三：无保护链的业务配置（以二仙桥、崔家店、万象城链路为例）

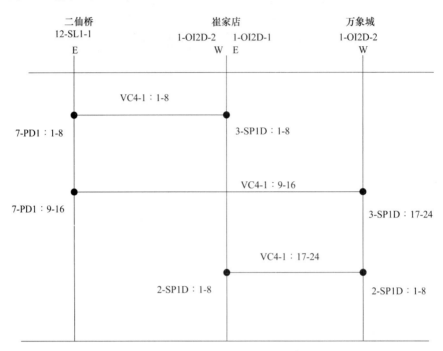

图 2.48　二仙桥、崔家店、万象城链路时隙分配图

无保护链的业务配置（以二仙桥、崔家店、万象城链路为例），配置路径视图查询结果如图 2.49 所示，路径视图查询结果如图 2.50 所示，网元配置查询结果如图 2.51～图 2.53所示。

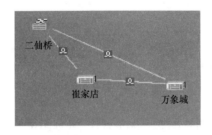

图 2.49　查询相关配置

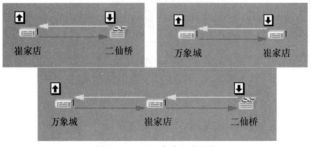

图 2.50　查看路径视图

VC12时隙编号策略: 顺序方式(ITU-T)
交叉连接

等级	类型	源板位	源时隙/通道	宿板位	宿时隙/通道	激活状态	
VC12	⤲	7-PD1	1-16	12-N1SL1-1(SDH-1)	VC4:1:1-16	是	-

图 2.51　二仙桥站点业务配置

VC12时隙编号策略: 顺序方式(ITU-T)
交叉连接

等级	类型	源板位	源时隙/通道	宿板位	宿时隙/通道	激活状态	
VC12	⇄	1-OI2D-1(SDH-1)	VC4:1:9-16	1-OI2D-2(SDH-2)	VC4:1:9-16	是	-
VC12	⤲	1-OI2D-1(SDH-1)	VC4:1:17-24	2-SP1D	1-8	是	-
VC12	⤲	1-OI2D-2(SDH-2)	VC4:1:1-8	3-SP1D	1-8	是	-

图 2.52　崔家店站点业务配置

VC12时隙编号策略: 顺序方式(ITU-T)
交叉连接

等级	类型	源板位	源时隙/通道	宿板位	宿时隙/通道	激活状态	
VC12	⤲	1-OI2D-2(SDH-2)	VC4:1:17-24	2-SP1D	1-8	是	-
VC12	⤲	1-OI2D-2(SDH-2)	VC4:1:9-16	3-SP1D	1-8	是	-

图 2.53　万象城站点业务配置

2.3.3　网络保护

选择常用菜单中的 🔅 快捷方式创建保护视图。根据业务规划选择:两纤单向通道保护环、两纤双向共享复用段环、无保护链,参考配置如图 2.54 所示。

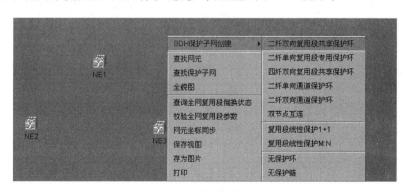

图 2.54　创建保护视图

双击保护视图中的网元,可以将该网元增加到准备创建的保护子网中,如图 2.55 所示。再次双击已经选择的网元,可取消选择。只有选择了两个以上的网元才能进入下一步的链路选择。请注意:节点的顺序必须和光纤连接的顺序一致。资源共享是指对于一个物理资源,可以同时属于两个保护子网;按照 VC4 划分,是指对于一个光纤中的不同时隙,分别属于不同的保护子网。一个物理资源可以同时指定资源共享和按照 VC4 划分。

注:两纤单向通道保护环创建方法同两纤双向复用段保护环创建方法基本相同。

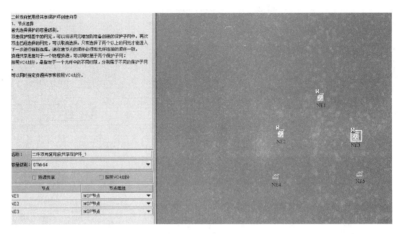

图 2.55　节点选择

在配置菜单下找到保护视图,也可以查询全网的保护配置情况,如图 2.56 所示。

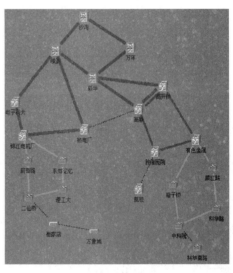

图 2.56　保护视图

2.3.4　时钟配置

完成图 2.58 的主从时钟配置。

(1) 在网元管理器中选中网元,然后在功能树中选择"配置→时钟→时钟源优先级表"。

（2）单击"新建"，弹出"增加时钟源"对话框，选择"时钟源"后点击"确定"，如图 2.57 所示。

时钟源	外部时钟源模式	同步状态字节
外部时钟源1	2Mbit/s	SA4
7-N1SL16-1(SDH-1)	-	-
内部时钟源	-	-

增加时钟源

时钟源：
外部时钟源2
2-PQ1-1(SDH_TU-1)
2-PQ1-9(SDH_TU-9)
8-N1SL64-1(SDH-1)
11-N1SL64-1(SDH-1)

确定　取消

图 2.57　主从时钟配置

说明：按 Ctrl 键可以同时选择多个时钟源。当时钟源变化引起时钟跟踪关系变化时会弹出"提示"对话框确认是否刷新时钟跟踪关系，一般单击"确定"。选中"禁止下次提示"后，时钟跟踪关系改变后将不再出现此提示框。

如果选择了外部时钟源，需要根据外部时钟信号的类型选择"外部时钟源模式"；对于 2 Mbit/s 时钟，还需要指定传递同步状态信息的字节。

（3）选中时钟源，单击 ▼ 或 ▲ 调整其优先级，排在最上方的时钟源作为网元的首选时钟。

说明：内部时钟源因为精度较低，只能拥有最低的优先级。

（4）在配置菜单下找到时钟视图，可以查询全网的时钟配置情况，如图 2.58 所示。

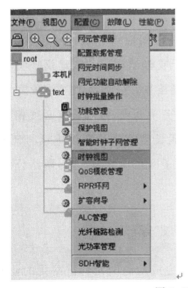
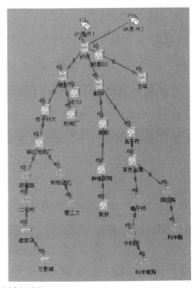

图 2.58　时钟视图

2.3.5 公务配置

公务配置:实现网元间的公务通信与会议电话。

在网元管理器中单击网元,然后在功能树中选择"配置→公务",再选择"常规"选项卡,如图 2.59 所示。

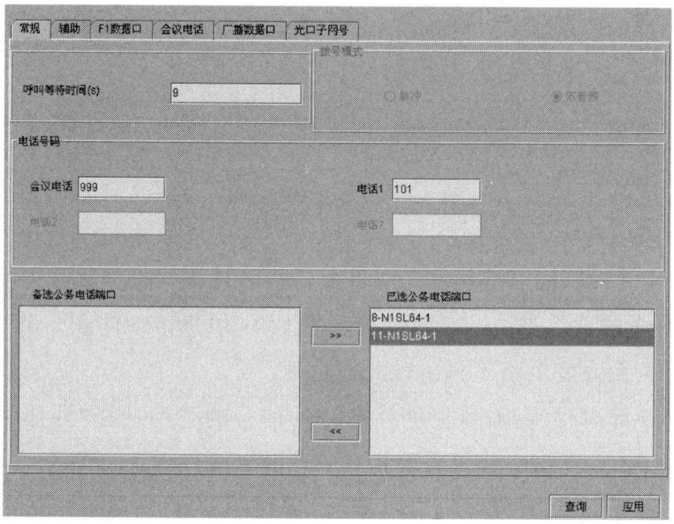

图 2.59 公务设置

设置呼叫等待时间(s)、电话号码和传递公务电话信号的端口。设置原则:在同一个子网中,所有网元的会议电话号码都一样(如 999),每个网元的电话号码为:网元 ID 号+100,如 NE1,电话号码为 101。

说明:互通公务电话的所有网元,其呼叫等待时间应该一致。网元数量少于 30 个时,呼叫等待时间建议设置为 5 秒;网元数量大于或等于 30 个时,建议呼叫等待时间设置为 9 秒。公务电话号码在同一公务子网内不能重复。公务电话号码长度须根据实际设备的要求设置,最长 8 位,最短 3 位。在同一公务子网内,号码长度必须相同。公务子网设置参见划分公务电话子网。公务电话的号码长度需要与会议电话号码长度相同。子网号长度为 1 时,两路公务电话首位必须相同;子网号长度为 2 时,两路公务电话前两位必须相同。

2.3.6 SDH 业务综合配置(传统 TDM 业务)

SDH 业务综合配置(传统 TDM 业务):依次完成从源网元到宿网元的业务配置,实现网元间的 2M 业务。

例如,起始网元:沙湾站点,终止网元:科华南路站点。

主路径:沙湾→新华→高升桥→有色金属→磨子桥→中科院→科华南路

备用路径:沙湾→峨影→新华→高新→肿瘤医院→有色金属→顺江路→科华路→中科院→科华南路

参看 2.3.2 节 SDH 业务规划中的例子完成该路径的业务规划。

(1) SNCP 业务配置

选中网元,点击右键选择"网元管理器",进入功能树下"配置"菜单中的"SDH 业务配置"菜单,如图 2.60 所示。

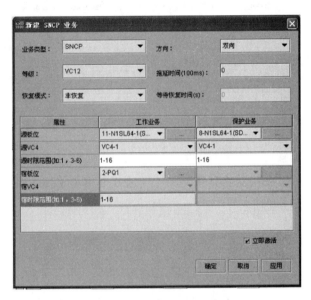

图 2.60　新建 SNCP 业务

终端网元和中间网元配置结果如图 2.61 和图 2.62 所示。

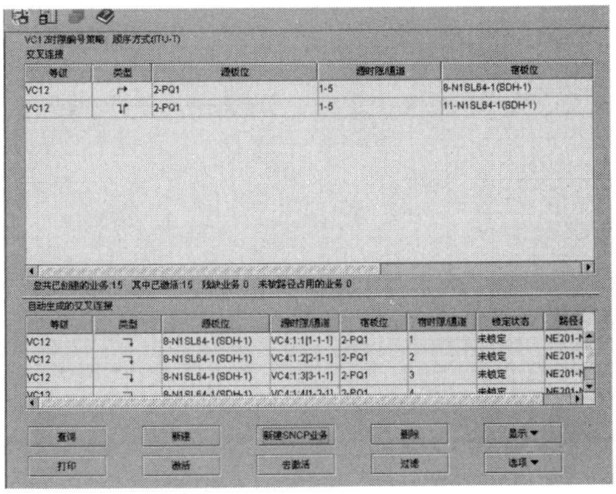

图 2.61　终端网元 SNCP 业务配置结果查看

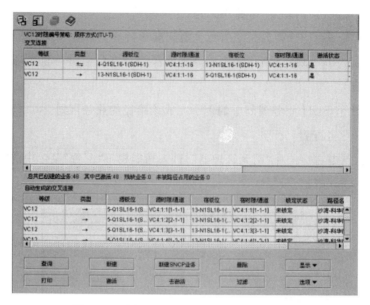

图 2.62　中间网元 SNCP 业务配置结果查看

（2）SDH 业务配置

选择"新建"选项完成从支路到线路的上下业务配置（或线路到线路的穿通业务配置），如图 2.63 和图 2.64 所示。

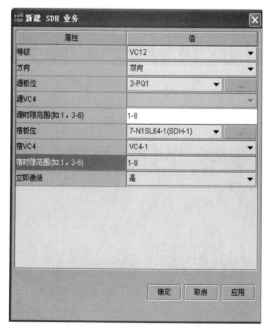

图 2.63　上下业务配置

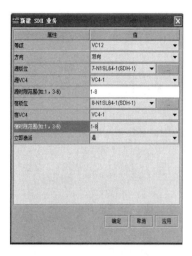

图 2.64　穿通业务配置

终端网元和中间网元配置结果如图 2.65 和图 2.66 所示。

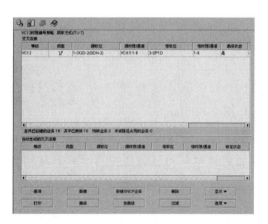

图 2.65　终端网元上下业务配置结果查看

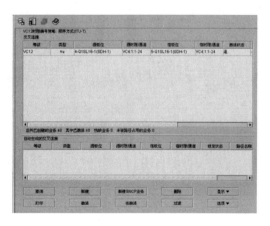

图 2.66　中间网元 SDH 业务配置结果查看

（3）路径搜索

业务配置结束后，选择菜单中的"路径"选项，选择"SDH 路径搜索"，如图 2.67 所示。

图 2.67　路径搜索

完成以上步骤后，再次选择菜单中的"路径"选项，然后选择"路径视图"，对已创建的业务在网管上进行验证，如图 2.68 所示。

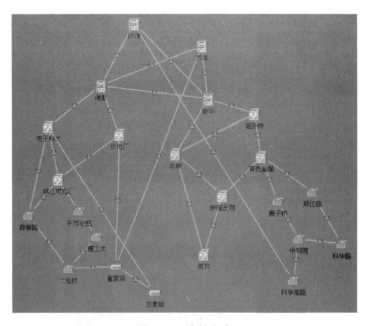

图 2.68　路径生成

（4）路径查询

选择两个网元间的连线，单击右键"查询相关路径"，如图 2.69 所示。

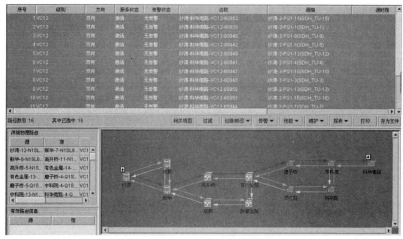

图 2.69　查询相关路径

2.4　基于 SDH/MSTP 技术的光传输网的以太网业务实现（联机训练）

2.4.1　建立网元

采用手动逐个建立网元，本实验室 SDH/MSTP 设备共 6 台：1 台 OSN3500 设备（地址分配：129.9.0.33）、2 台 OSN1500 设备（地址分配：129.9.0.31、129.9.0.32）、3 台 Metro1000V3（地址分配：129.9.0.21、129.9.0.22、129.9.0.23），如图 2.70 所示。

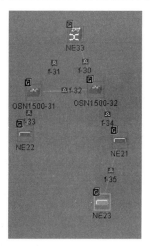

图 2.70　拓扑结构的建立

2.4.2 创建光纤连接

建立网元后,完成光纤连接。光纤连接必须和实际情况保持一致,在实际的光纤连接过程中,按照"东发西收"的规则进行,如图 2.72 和图 2.73 所示。

本实验室设备物理连接示例如图 2.71 所示。

图 2.71　实验室设备物理连接

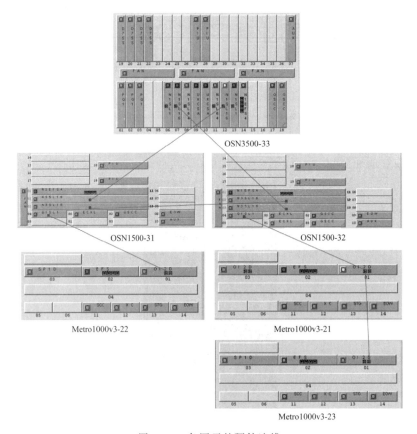

图 2.72　各网元的硬件连线

OSN1500-31					
12-N3SL16-1	13-N3SL16-1	4-Q1SL1-1			
OSN1500-32					
12-N3SL16-1	13-N3SL16-1	4-Q1SL1-1			
OSN3500-33					
6-N1SL1-1	7-N1SL16-1	8-N1SL64-1	11-N1SL64-1	12-N1SL16-1	13-N1SL1-1
Metro1000v3-21		Metro1000v3-22		Metro1000v3-23	
1-OI2D-1	1-OI2D-2	1-OI2D-1	1-OI2D-2	1-OI2D-1	1-OI2D-2

图 2.73　ODF 端口光纤跳线

2.4.3　以太网业务配置

配置一　10M 以太网业务配置

步骤一:以太网单板外部端口配置,如图 2.74 所示。

基本属性:端口使能+工作模式。

图 2.74　以太网单板外部端口配置

步骤二:以太网单板外部端口 TAG 属性配置,如图 2.75 所示。

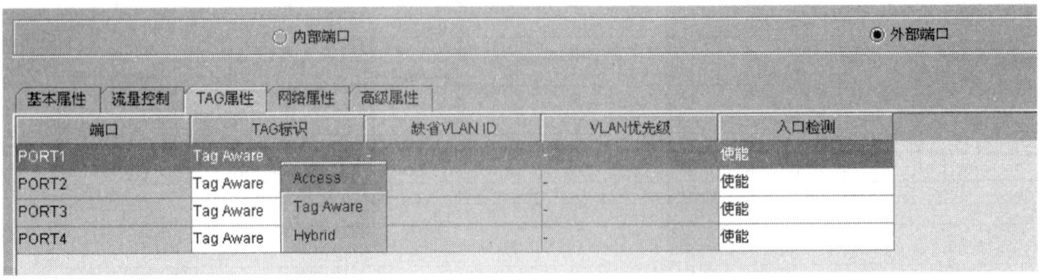

图 2.75　以太网单板外部端口 Tag 属性配置

Tag 属性设置:Tag/Access/Hybird。

Tag 标识的端口对数据帧的处理方法如表 2.8 所示。

表 2.8　各种 Tag 标识的端口对数据帧的处理方法

方向	数据帧类型	处理方式		
		Tag aware	Access	Hybird
入端口	携带 VLAN 标签的帧	透传	丢弃	透传
	没有携带 VLAN 标签的帧	丢弃	添加包含"缺省 VLAN ID"和"VLAN 优先级"的 VLAN 标签后透传	
出端口	携带 VLAN 标签的帧	透传	剥离 VLAN 标签后发送	1) 如果数据帧中的 VLAN ID 是"缺省 VLAN ID",剥离 VLAN 标签后发送 2) 如果数据帧中的 VLAN ID 不是"缺省 VLAN ID",透传

步骤三:以太网单板内部端口 Tag 属性配置,如图 2.76 所示。

图 2.76　以太网单板内部端口 Tag 属性配置

步骤四:10M 以太网绑定通道,10M 绑定 5 个 VC12,如图 2.77 所示。

步骤五:10M 以太网专业业务配置,内外部端口映射,如图 2.78 所示。

步骤六:10M 以太网业务专线业务查询和绑定关系查询,如图 2.79 和图 2.80 所示。

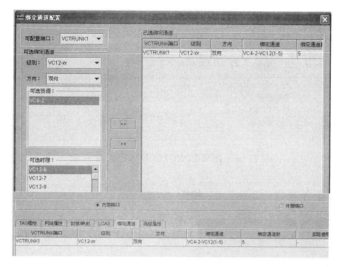

图 2.77　10M 以太网绑定通道

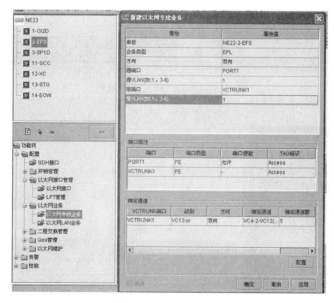

图 2.78　10M 以太网专业业务配置

图 2.79　10M 以太网业务专线业务查询

图 2.80　10M 以太网业务绑定关系查询

步骤七:网元业务配置,如图 2.81 和图 2.82 所示。

图 2.81　NE22 网元业务配置

图 2.82　OSN1500-31 网元业务配置

步骤八:业务路径查询,如图 2.83 和图 2.84 所示。

配置二　100M 以太网业务配置

步骤一:100M 以太网绑定通道及查询,如图 2.85、图 2.86 和图 2.87 所示。

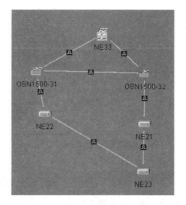

图 2.83 业务路径查询

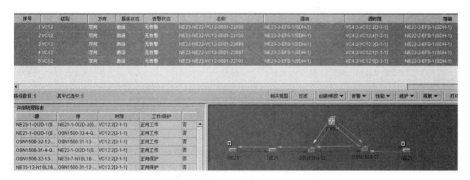

图 2.84 10M 以太网专线业务配置查询

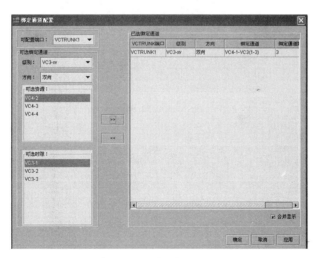

图 2.85 100M 以太网绑定通道

步骤二：业务配置，如图 2.88、图 2.89、图 2.90、图 2.91 和图 2.92 所示。

步骤三：业务路径查询，如图 2.93 所示。

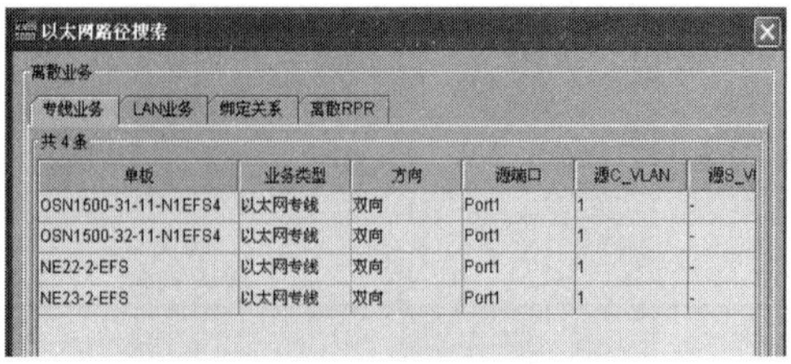

图 2.86　100M 以太网专线业务查询

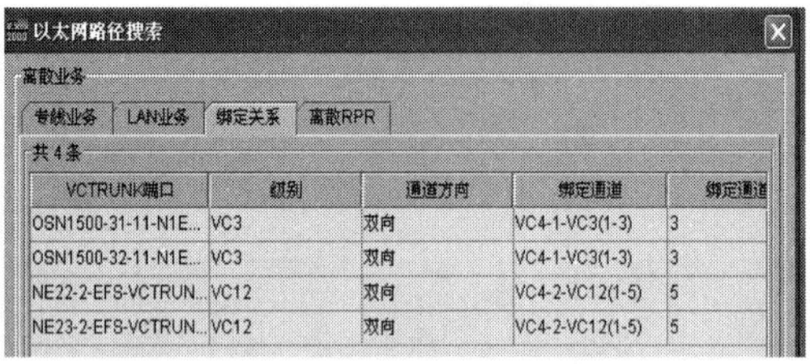

图 2.87　100M 以太网绑定关系查询

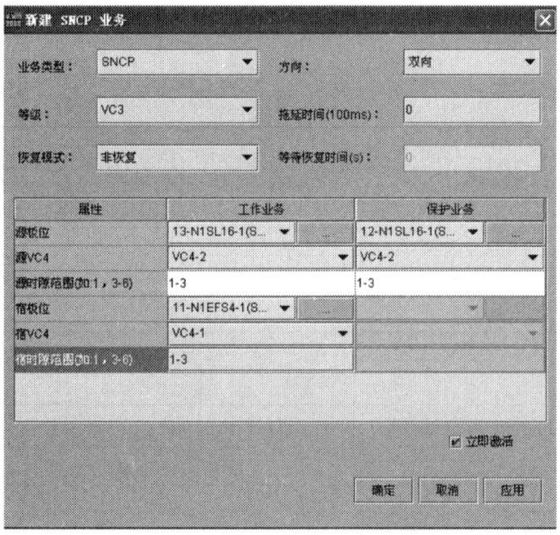

图 2.88　OSN1500-31 网元业务配置

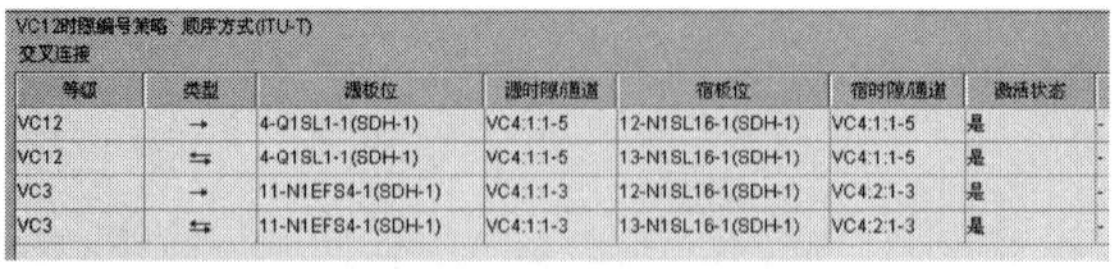

图 2.89　OSN1500-31 网元业务配置查看

步骤四:OSN1500-31 和 OSN1500-32 网元的 EFS 板分别连接一根网线在一台电脑终端上,如图 2.94 所示。设置同一网段的 IP 地址,OSN1500-31 连接的电脑 IP 设置为 129.9.0.153,OSN1500-32 连接的电脑 IP 设置为 129.9.0.154。在 CMD 命令行中,使用 Ping 命令,可互相 Ping 通,如图 2.95 所示。

VC12时隙编号策略: 顺序方式(ITU-T)
交叉连接

等级	类型	源板位	源时隙/通道	宿板位	宿时隙/通道	激活状态
VC12	⇄	7-N1SL16-1(SDH-1)	VC4:1:1-5	12-N1SL16-1(SDH-1)	VC4:1:1-5	是
VC3	⇄	7-N1SL16-1(SDH-1)	VC4:2:1-3	12-N1SL16-1(SDH-1)	VC4:2:1-3	是

图 2.90　NE33 网元业务配置查询

图 2.91　OSN1500-32 网元业务配置

VC12时隙编号策略: 顺序方式(ITU-T)
交叉连接

等级	类型	源板位	源时隙/通道	宿板位	宿时隙/通道	激活状态
VC12	⇄	4-Q1SL1-1(SDH-1)	VC4:1:1-5	12-N1SL16-1(SDH-1)	VC4:1:1-5	是
VC12	→	4-Q1SL1-1(SDH-1)	VC4:1:1-5	13-N1SL16-1(SDH-1)	VC4:1:1-5	是
VC3	⇄	11-N1EFS4-1(SDH-1)	VC4:1:1-3	12-N1SL16-1(SDH-1)	VC4:2:1-3	是
VC3	→	11-N1EFS4-1(SDH-1)	VC4:1:1-3	13-N1SL16-1(SDH-1)	VC4:2:1-3	是

图 2.92　OSN1500-32 网元业务配置查询

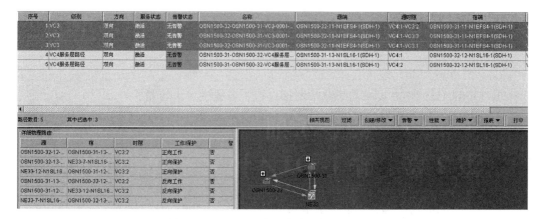

图 2.93　100M 以太网专线业务配置查询

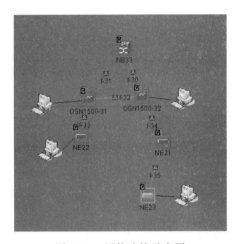

图 2.94　网络连接示意图

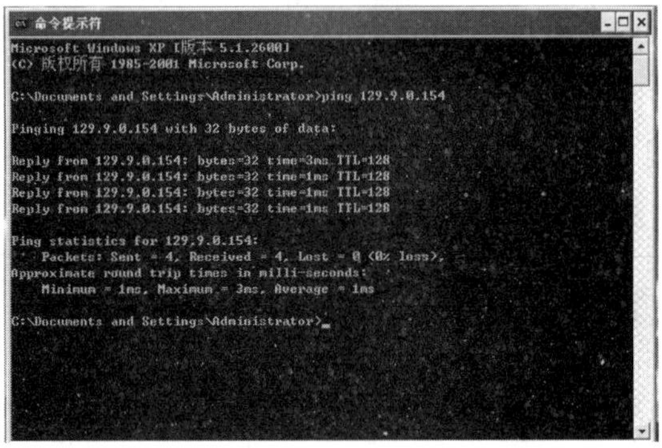

图 2.95　以太网业务验证

任 务 反 思

1. Optix OSN3500 设备有哪些常用接口板？各提供多大容量？

2. Optix OSN1500 设备有哪些常用接口板？

3. Optix OSN7500、Optix OSN3500、Optix OSN1500 设备各主要应用于哪些网络环境，各支撑哪些业务？

4. 在进行业务配合更改时，应注意什么问题？

5. 简述 SDH 传输网常见的业务类型。

6. 简述两纤双向复用段保护环（MSP）和子网连接保护（SNCP）的应用场景。

7. 简要说明建立网元、创建光纤连接的实验流程。

8. 简要说明创建保护子网的流程。

9. 简要说明 ET1 业务的配置流程。

10. 简要说明以太网业务的配置流程。

11. 简要说明时钟源的工作模式。

12. 简要说明内部时钟源和外部时钟源的含义。

13. 简要说明时钟源的跟踪方法。

14. 简要说明公务电话配置方法。

15. 在进行业务规划时,应该考虑哪些问题?

16. Optix OSN3500、Optix OSN1500 的 2M 支路单元包括哪几种单板? 它们之间的槽位关系是怎样的?

17. 请说明你在进行 TDM 业务配置过程中遇到的问题,以及解决的办法。

18. 什么是 SNCP? 举例说明 SNCP 节点的业务配置内容。

第3章 基于 OTN 技术光传输网的综合实训

单元目的

通过对 OTN 设备基础技术和网络简介、业务承载策略等的学习，普及 OTN 技术基础知识，明确 OTN 在现网中的应用形式的概念，深化对 OTN 技术的理解。

单元目标

1. 熟悉现网中常见的 OTN 设备；
2. 掌握 OTN 内部连线的基本规律；
3. 初步掌握 OTN 在线业务配置与调试。

单元学时

8 学时

3.1 OTN 典型设备认识

3.1.1 Optix OSN1800 设备简介

Optix OSN1800 系列定位于城域边缘层网络，包括城域汇聚层和城域接入层，可置于宽带交换机、DSLAM、SDH CPE(Consumer Premise Equipment)上行方向等位置，在城域接入层网络中将宽带、SDH、以太网等业务进行处理后送至城域传送网络汇聚点，配合现有 Optix WDM 设备向接入层实现业务延伸。在容量比较小的网络中，Optix OSN1800 系列也可应用于核心层。

Optix OSN1800 系列采用密集波分复用(Dense Wavelength Division Multiplexing，

DWDM)技术和稀疏波分复用(Coarse Wavelength Division Multiplexing,CWDM)技术,各节点可进行波长调度,具有容量易扩展、业务接入灵活、高带宽利用率和高可靠性的特点,其设备外观如图 3.1 所示,槽位号如图 3.2 所示。

图 3.1　2U Optix OSN1800 设备

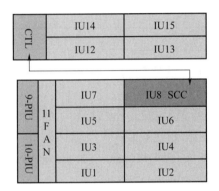

图 3.2　Optix OSN1800 槽位号

Optix OSN1800 传输规格如表 3.1 所示。

表 3.1　Optix OSN1800 传输规格

项目	CWDM 系统	DWDM 系统
系统使用波段	1 471 nm～1 611 nm	C-EVEN:196.0 THz～192.1 THz
可用波长数量	8 波	40 波
波长最小间隔	20 nm	0.8 nm/100 GHz
单通道速率	2.5 Gbit/s、5 Gbit/s	2.5 Gbit/s、10 Gbit/s
最大传输容量	40 Gbit/s(5 Gbit/s×8 波)	400 Gbit/s(10 Gbit/s×40 波)
系统适用光纤	G.652/G.655/G.653 光纤	G.652/G.655 光纤

Optix OSN1800 功能单元及单板如表 3.2 所示。

表 3.2　Optix OSN1800 功能单元及单板

功能单元	单　板
光波长转换单板	LDE、LDGF、LDGF2、LWX2、LQM、LQM2、LQG、LSPU、LSPL、LSPR、LQPL、LQPU、LOE、LSX、TSP
DWDM OADM 单板	DMD2、DMD1、MR8、MR4、MR2、MR2S、MR1、MR1S、SBM1、SBM2、SBM8
CWDM OADM 单板	DMD2、DMD2S、DMD1、DMD1S、MD8、MD8S、MR4、MR4S、MR2、MR2S、MR1、MR1S、SBM1、SBM2、SBM4
光放大单板	OPU
光保护单板	OLP、SCS
可扩展监控信道光纤接口板	FIU
主控板	SCC
辅助功能单元	CTL、FAN、PIU、APIU

3.1.2　Optix OSN6800 设备简介

Optix OSN6800 主要用于区域干线(短、长途干线)、本地网、城域核心层和城域汇聚层。

光层调度能力:波长资源的分配既可采用 FOADM,也可采用 ROADM;可实现环内二维调度和环间多维调度;支持 DWDM(18λ × 2.5G)[40λ × (2.5G / 10G / 40G)]和 CWDM;兼容集成式和开放式 DWDM 系统。

电层调度能力:通过交叉板 XCS 实现 GE、ODU1 集中调度(GE 信号:最大支持 160 Gbit/s 的交叉调度容量;ODU1 信号:最大支持 320 Gbit/s 的交叉调度容量);通过对偶板位的单板实现 GE、Any、ODU1 分布式调度(GE 信号:最大支持 5 Gbit/s 的交叉调度容量;Any 信号:最大支持 10 Gbit/s 的交叉调度容量;ODU1 信号:最大支持 10 Gbit/s 的交叉调度容量);同时,提供基于 VLAN、Stack VLAN 的 L2 电层交换,其设备外观如图 3.3 所示,槽位号如图 3.4 所示。

图 3.3　Optix OSN6800 设备

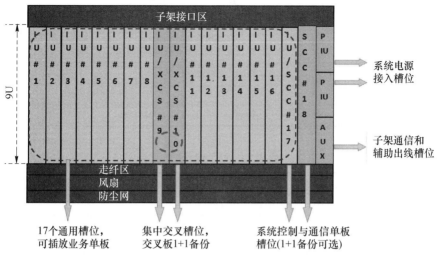

图 3.4　Optix OSN6800 槽位号

Optix OSN6800 单板分类如表 3.3 所示,各单板类型及对应单板名称如表 3.4～表 3.9 所示。

表 3.3　Optix OSN6800 单板分类

单板类型	
波长转换单元	光纤放大器单元
支路单元	系统控制与通信单元
线路单元	光监控信道单元
交叉单元	光保护单元
分波、合波单元	光谱分析单元
固定、动态光分插复用单元	光可调衰减单元

表 3.4　波长转换单元

单板类型	单板名称	单板全称
波长转换单元	L4G	4×GE 线路容量波长转换板
	LDGS / LDGD	2 路 GE 业务汇聚板(单发单收 / 双发选收)
	LQMS / LQMD	4 路任意速率业务汇聚波长转换板(单发单收 / 双发选收)
	LSX	10 Gbit/s 波长转换板
	LSXR	10 Gbit/s 波长转换中继板
	LWXS / LWXD	1 路任意速率(16 Mbit/s～2.5 Gbit/s)波长转换板(单发单收 / 双发选收)
	LWX2	2 路任意速率(16 Mbit/s～2.5 Gbit/s)波长转换板

表 3.5　支路单元和线路单元

单板类型	单板名称	单板全称
支路单元	TQM	4 路任意速率支路业务处理板
	TDG	2 路 GE 支路业务处理板
	TQS	4 路 STM-16/OC-48/OTU1 支路业务处理板
线路单元	NS2	4 路 ODU1 汇聚 OTU2 光接口板

表 3.6　分波、合波单元

单板类型	单板名称	单板全称
分波、合波单元	D40	40 波分波板
	D40V	40 波自动可调光衰减分波板
	M40	40 波合波板
	M40V	40 波自动可调光衰减合波板
	FIU	光纤线路接口板
	ACS	OADM 接入板

表 3.7　光纤放大器单元

单板类型	单板名称	单板全称
光纤放大器单元	OAU1	光放大板
	OBU1	光放大板
	CRPC	盒式 C 波段 Raman 驱动单元

表 3.8　系统控制与通信单元及交叉单元

单板类型	单板名称	单板全称
系统控制与通信单元	SCC	系统控制与通信板
	AUX	系统辅助接口板
交叉单元	XCS	交叉连接和时钟处理板

表 3.9　光监控信道单元

单板类型	单板名称	单板全称
光监控信道单元	SC1	单路光监控信道单元
	SC2	双路光监控信道单元

3.1.3　Optix OSN8800 设备简介

Optix OSN8800 城域超宽带传送平台,打破城域传送瓶颈。80 波可支持 10 G/

40 G/100 G 混传,使网络平滑获得高带宽支持 2/4/9 维 ROADM,实现全场景光层调度方案;支持 PID 单卡 120 G/200 G,实现城域大 SDH 组网,促使带宽一步到位。基于 IP 传送,实现三层交叉(波长/ODUk/L2)。基于 OAM 工具包,实现 MDS/U2000 交互,可覆盖从规划到运维全流程;其外观如图 3.5 所示,其槽位号如图 3.6 所示。

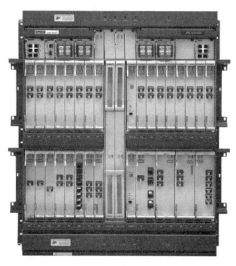

图 3.5　Optix OSN8800 设备

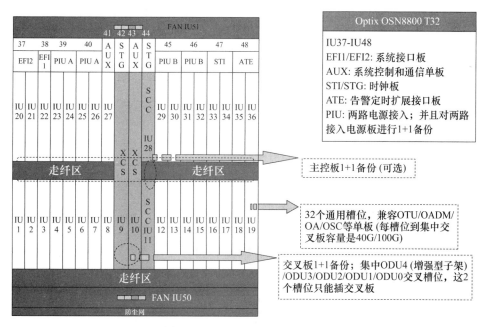

图 3.6　Optix OSN8800 槽位号

Optix OSN8800 设备单板分类如表 3.10 所示。

表 3.10　Optix OSN8800 设备单板

单板分类	单板名称	单板全称
支线路类单板	TN55NO2	8 路 10 G 线路业务处理板
	TN54NQ2	4 路 10 G 线路业务处理板
	TN53ND2	2 路 10 G 线路业务处理板
	TN53NS2	1 路 10 G 线路业务处理板
	TN55TOX	8 路 10 G 支路业务处理板
	TN55TQX	4 路 10 G 支路业务处理板
	TN53TDX	2 路 10 G 支路业务处理板
	TN54THA	16 路任意速率业务处理板
	TN54TOA	8 路任意速率业务处理板
光合波和分波类单板	TN12M40	40 波合波板
	TN12D40	40 波分波板
	TN11ITL04	梳状滤波器
	TN11SFIU	支持同步信息(synchronous)传送的光线路接口板
光纤放大器类单板	TN13OAU1	光放大板
	TN12OBU1	光功率放大板
	TN12OBU2	光功率放大板
交叉与系统控制通信类单板	TN52XCH	Optix OSN8800 T32 集中交叉板
	TN52UXCH	3.2T 通用交叉板-ODUk/PKT/VC4
	TN52SCC	系统控制与通信板
	TN15AUX	系统辅助接口板
	TN52AUX	系统辅助接口板
光监控信道类单板	TN11ST2	双向光监控信道和时钟传送板
光谱分析类单板	TN11WMU	波长监控单元
	TN11OMCA	多通道辅助分析板

3.1.4　OTN 典型设备认识练习

根据实际情况填写表 3.11～表 3.13 的设备配置。

表 3.11　Optix OSN1800-1 实际配置填写

槽位号	所配置单板	主要功能

（备注:表格不够请自行添加）

表 3.12 Optix OSN1800-2 实际配置填写

槽位号	所配置单板	主要功能

(备注:表格不够请自行添加)

表 3.13 Optix OSN6800 实际配置填写

槽位号	所配置单板	主要功能

(备注:表格不够请自行添加)

3.2 基于 OTN 技术的光传输网的业务实现(联机训练)

3.2.1 OTN 网元的建立

1. 批量创建网元

当 U2000 与网关网元通信正常时,U2000 能够通过网关网元 IP 地址和网关网元所在 IP 网段搜索出所有与该网关网元通信的网元并进行批量创建。使用该方法创建网元比手动创建网元更快速、可靠,因此推荐使用批量创建网元的方式。

具体操作步骤如下。

步骤一:在 PC 端点击"U2000 客户端"快捷方式,进入 U2000 登录界面,按照设定的账号和密码登录。

步骤二:在工作台内双击"主拓扑"进入拓扑视图界面。

步骤三:在主菜单中选择"文件→搜索→网元",弹出"网元搜索"窗口,如图 3.7 所示。

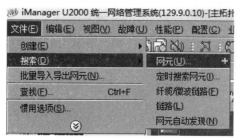

图 3.7 搜索网元

步骤四：选择"传送网元搜索"选项卡，如图3.8所示。

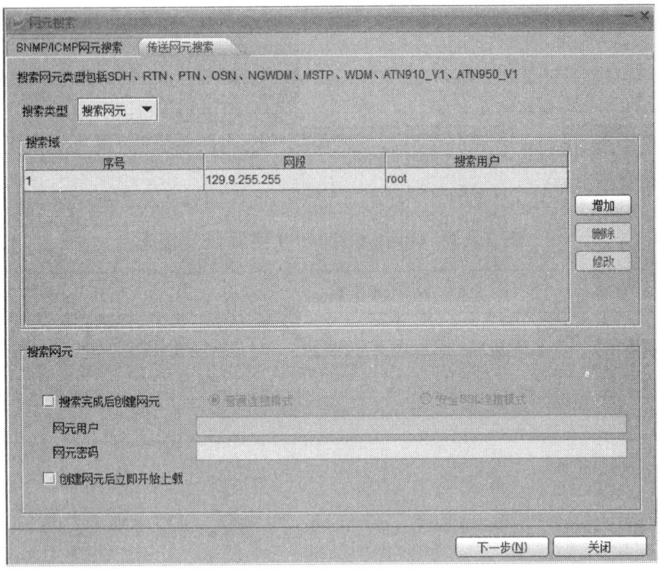

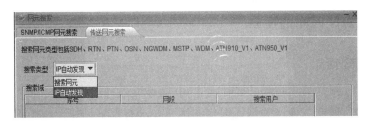

图3.8　传送网元搜索

步骤五：在"搜索类型"中下拉菜单选择"IP自动发现"，如图3.9所示。

图3.9　IP自动发现

在网元用户框内输入"root"，网元密码"password"，点击"下一步"，如图3.10所示。

图3.10　登录网元

搜索到的网元会在搜索到网元列表中按照一定的顺序排列，如图3.11所示，图中搜索出的三个网元就是我们实训室的三个波分设备。

图 3.11　查看网元

　　步骤六：点击"终止"停止搜索。用鼠标选中图中的三个网元，点击下面的"创建网元"，并输入网元用户"root"，网元密码"password"，点击"确定"，如图 3.12 所示。

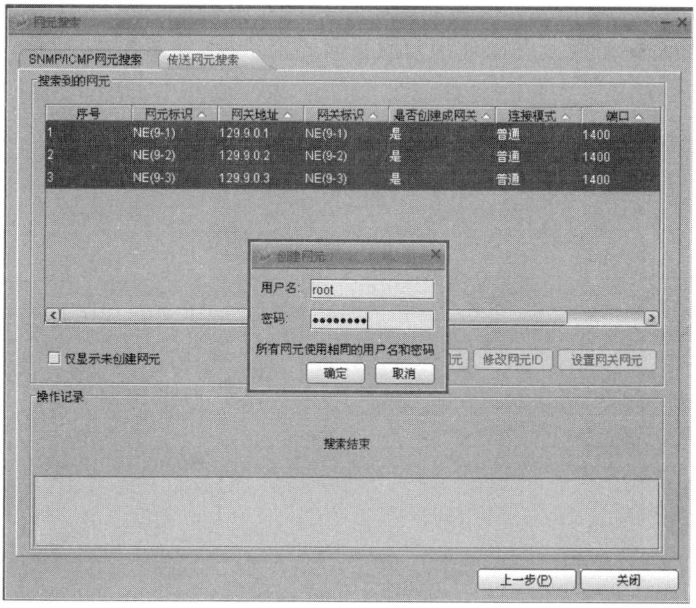

图 3.12　创建网元

　　点击"确定"后，网管会给出下面的提示，证明网元创建成功，如图 3.13 所示。

图 3.13　创建成功

点击上图中的"关闭",在主拓扑图中可以看到刚创建的网元,如图 3.14 所示。

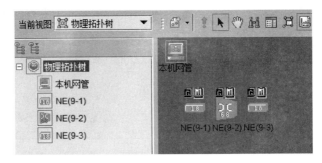

图 3.14　查看网元拓扑

2. 网元配置数据上载

步骤一:创建完网元后,还不能对网元进行任何操作,需要对网元进行基本配置。双击拓扑图中的任意一个网元会出现网元配置向导提示框,如图 3.15 所示。

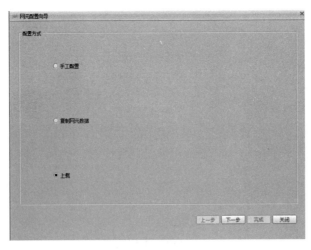

图 3.15　网元配置

下面分别解释这三种配置适用的场景。

手工配置:适用于第一次配置网元,或是需要对网元数据重新配置的情况。

复制网元数据:适用于本网元和网管中其他网元配置基本一致的情况,这样可以减少配置的时间,但前提是必须确定此网元和网络中的网元数据一致。

上载数据:适用于已经配置过网元数据,只需要把网元侧的数据上载至网管侧即可。

步骤二:上面介绍的是一次配置上载一个网元数据,其实我们可以一次上载多个网元的数据,接下来介绍一次上载多个网元数据的方法。

在主菜单中选择"配置→网元配置数据管理",如图 3.16 所示。

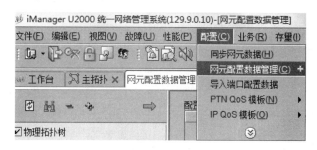

图 3.16 网元配置数据管理

在左侧拓扑树中选择已创建的网元,单击 ➡ ,在"配置数据管理列表"选择"网元状态"为"未配置"的网元,选中所有的未配置网元,点击下面的"上载"框,等出现提示框后,点击"确定",如图 3.17 所示。

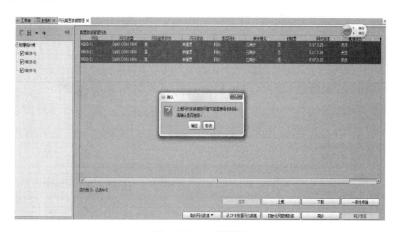

图 3.17 上载网元

点击"确定"后会出现上载进度提示框提示上载进度,如图 3.18 所示,最后会显示操作成功提示,关闭提示即可。

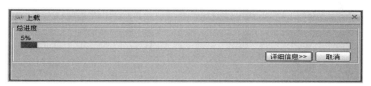

图 3.18 等待上载网元

3. 创建光网元

在 U2000 中，WDM 设备可划分到不同的光网元进行管理。U2000 定义了四种光网元类型，分别是 WDM_OTM、WDM_OLA、WDM_OADM 和 WDM_OEQ。

操作步骤如下。

步骤一：在主视图中单击右键，选择"新建→网元"。

步骤二：在弹出的"创建网元"对话框左侧单击"Optical NE"对应的 ⊞，选择要创建的光网元类型，如图 3.19 所示。

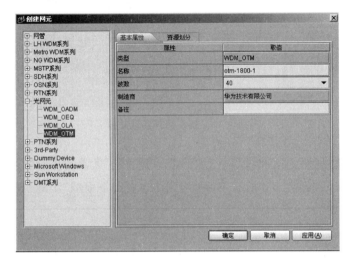

图 3.19　创建网元

步骤三：单击"基本属性"，按客户规划输入光网元名称等基本属性。

步骤四：单击"资源划分"，如图 3.20 所示，从空闲资源光网元中选择网元或单板，单击 >> 。

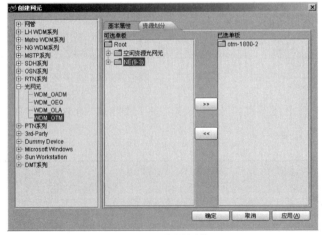

图 3.20　资源划分

图中,我们把 Optix OSN6800 设备划分为 OADM 类型。按照上述方法创建 OTM 网元,把两个 Optix OSN1800 设备划分到 OTM 光网元中,实习中我们都按照 40 波系统来配置,划分好资源后的光网元如图 3.21 所示。

图 3.21　划分好资源后的光网元

如果需要对已经创建的光网元重新划分资源,可以右键单击"光网元",选择"属性"。单击"资源划分"页签,在左侧选择要添加到光网元的网元或单板,单击 >> 划入光网元。

4. 手动同步网元与网管时间

为了使网管能准确地记录告警产生时间,在日常维护中应该定期查看网元与网管时间是否一致,如不一致应手动同步网元与网管时间。

同步网元时间不会影响业务的正常运行。在同步网元时间前,请先确认 U2000 服务器计算机的系统时间是准确的。如果需要修改服务器计算机的系统时间,请先退出 U2000,设置好计算机的系统时间后重新启动 U2000。

步骤一:双击拓扑视图中的光网元,进入光网元后,选中设备,在网元管理器中单击网元,在功能树中选择"配置→网元时间同步",如图 3.22 所示,弹出"操作结果"对话框,单击"关闭"。

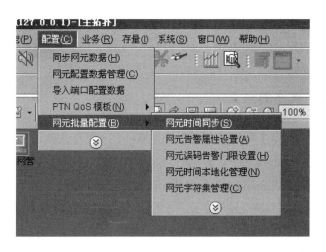

图 3.22　网元时间同步

选中网元,单击右键,选择"与网管时间同步",弹出提示框,单击"是",然后会弹出"操作结果"对话框,单击"关闭"完成与网管时间的立即同步。

步骤二:图 3.23 所示的网元的同步方式为"无",我们可以把同步方式改为与网管同步,这样网元和网管时间会始终一致,因为网元和网管会自动同步时间。

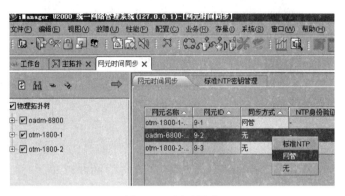

图 3.23　网元同步

步骤三:在网管上更改上图中网元的同步方式为"网管",然后点击下面的"与网管时间同步"。在提示框中点击"是"同步网元时间,如图 3.24 所示。

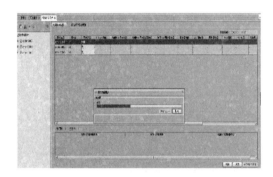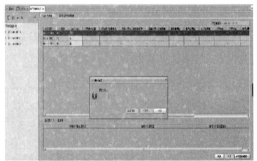

图 3.24　同步网元时间

3.2.2　OTN 网络的建立

本实训室波分系统共计两波,一波为 192.10,另一波为 192.20。第一波承载 Optix OSN1800-1 设备的 1-ELOM 板和 Optix OSN6800 设备 4-LOA 板的业务;第二波承载 Optix OSN1800-1 设备的 3-ELOM 板和 Optix OSN1800-2 设备的 1-ELOM 板的业务,其业务组网为链型组网,如图 3.26 所示。根据图 3.25 中的 OTN 典型性系统配置分析,信号从 Optix OSN1800-1 到 Optix OSN6800 到 Optix OSN1800-2 的信号流分析,如图 3.27 所示;信号从 Optix OSN1800-2 到 Optix OSN6800 到 Optix OSN1800-1 的信号流分析,如图 3.28 所示。

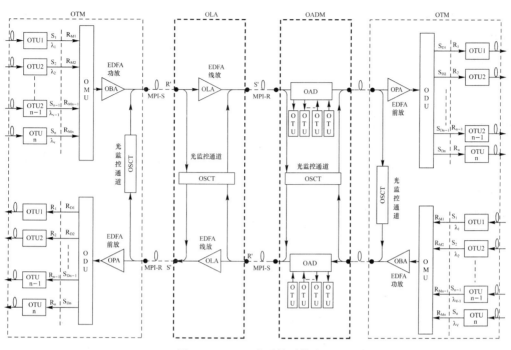

图 3.25　OTN 典型性系统配置

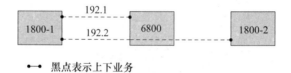

━● 黑点表示上下业务

图 3.26　实验室中两波业务的链型组网图

1. 分析通过设备的信号流

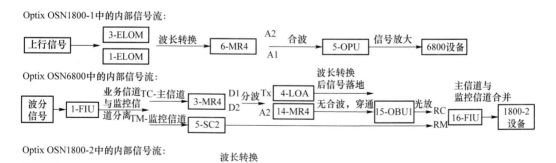

图 3.27　信号从 Optix OSN1800-1 到 Optix OSN6800 到 Optix OSN1800-2 的信号流分析

Optix OSN1800-2中的内部信号流:

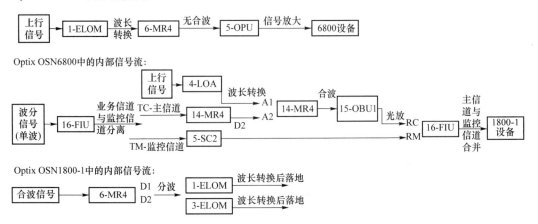

Optix OSN6800中的内部信号流:

Optix OSN1800-1中的内部信号流:

图 3.28　信号从 Optix OSN1800-2 到 Optix OSN6800 到 Optix OSN1800-1 的信号流分析

2. 设备的内部连纤

步骤一:双击拓扑图中的光网元,出现如 3.29 所示设备面板图,点击"信号流图"。

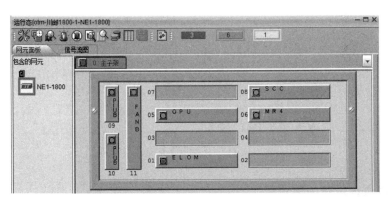

图 3.29　网元面板图

步骤二:通过设备的信号流完成各设备的内部连纤,根据图 3.27 和图 3.28 分析可知,Optix OSN1800-1 内部连纤如图 3.30 所示,Optix OSN6800 内部连纤如图 3.31 所示,Optix OSN1800-2 内部连纤如图 3.32 所示。

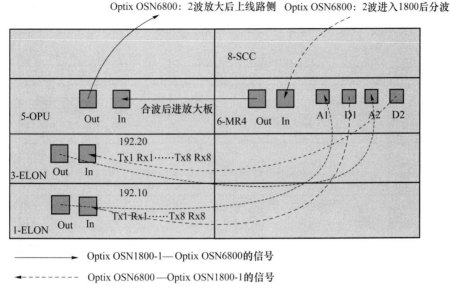

图 3.30 Optix OSN1800-1 内部连纤分析

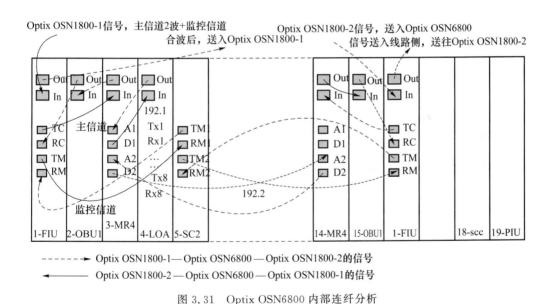

图 3.31 Optix OSN6800 内部连纤分析

步骤三:在系统上完成内部连纤,完成后显示结果如图 3.33、图 3.34 和图 3.35 所示。

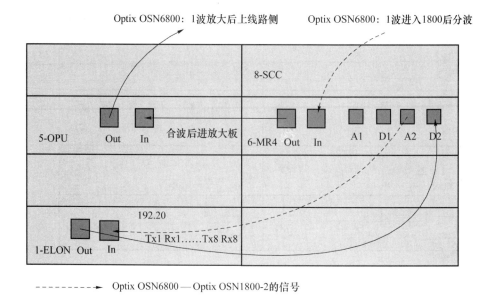

图 3.32　Optix OSN1800-2 内部连纤分析

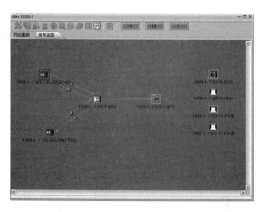

图 3.33　Optix OSN1800-1 内部连纤

图 3.34　Optix OSN1800-2 内部连纤

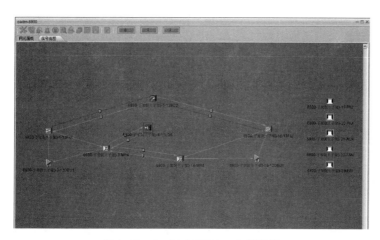

图 3.35 Optix OSN6800 内部连纤

3. 创建网元间的连纤

步骤一:在主视图中选择快捷图标 ![icon], 鼠标显示为"＋"。

步骤二:在主拓扑中单击纤缆的源网元。

步骤三:在弹出的"选择纤缆的源端"对话框中,选择"源单板及源端口"。

步骤四:单击"确定",回到主视图界面,鼠标再次显示为"＋"。

步骤五:在主拓扑中单击纤缆的宿网元。

步骤六:在弹出的"选择纤缆的宿端"对话框中,选择"宿单板及宿端口"。

步骤七:单击"确定",在弹出的"创建纤缆"对话框中输入纤缆的相应属性。

步骤八:单击"确定",在主拓扑上,源宿网元间显示出已创建的纤缆。

按照实习组网图创建外部纤,如 Optix OSN1800-1 的 OPU 板的 OUT 口和 Optix OSN6800 的 FIU 板 IN 口有一条光纤,这是 Optix OSN1800-1 设备发向 Optix OSN6800 设备的,那么 Optix OSN6800 设备 FIU 板的 OUT 口连接 Optix OSN1800-1 设备 MR4 板 IN 口,这是 Optix OSN6800 设备发向 Optix OSN1800-1 设备的光纤,创建完后如图 3.36 所示。

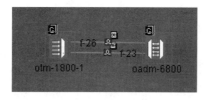

图 3.36 创建外部连

把鼠标放在创建完的光纤上会显示创建光纤的信息,可以检查光纤连接是否正确,如图 3.37 和图 3.38 所示。

```
oadm-6800-6800-子架0-1-13FIU-1(IN/OUT)-->otm-1800-1-1800-1-子架0-6-MR4-5(IN/OUT)
纤缆名称: [f-5]
源网元名称: [oadm-6800]
源网元IP地址: [129.9.0.2]
宿网元名称: [otm-1800-1]
宿网元IP地址: [129.9.0.1]
```

图 3.37　显示创建光纤的信息

```
otm-1800-1-1800-1-子架0-5-OPU-2(OUT1)-->oadm-6800-6800-子架0-1-13FIU-1(IN/OUT)
纤缆名称: [f-4]
源网元名称: [otm-1800-1]
源网元IP地址: [129.9.0.1]
宿网元名称: [oadm-6800]
宿网元IP地址: [129.9.0.2]
```

图 3.38　显示创建光纤的信息

最后,按照组网图完成所有光纤的创建,如图 3.39 所示。

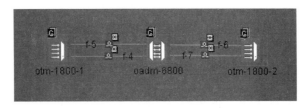

图 3.39　光纤全部创建完成

4. 查询光模块信息和光功率

U2000 网管提供查询光模块信息的功能,这样可以通过网管查询光模块的信息以确定光模块的收发光范围、速率大小、可承载的业务等。通过网管,我们还可以查询光模块的收发光范围,以及发送光功率和接收光功率。下面我们通过网管来演示。

1)查询光功率

把鼠标放在要查询的板件上,点击鼠标右键,在弹出的菜单中选择"查询光功率",如图 3.40 所示。

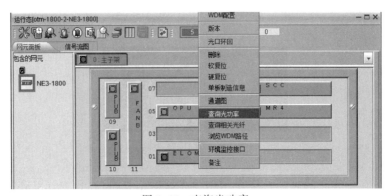

图 3.40　查询光功率

在弹出的光功率管理界面中,点击右下角的"查询"按钮,出现一个查询进度条,等待两秒钟查询的结果就会显示出来,如图 3.41 所示,可以看到 ELOM 波分侧光口的收光功率为－7.6 dBm,客户侧第一个光口的收光功率为－11.4 dBm。

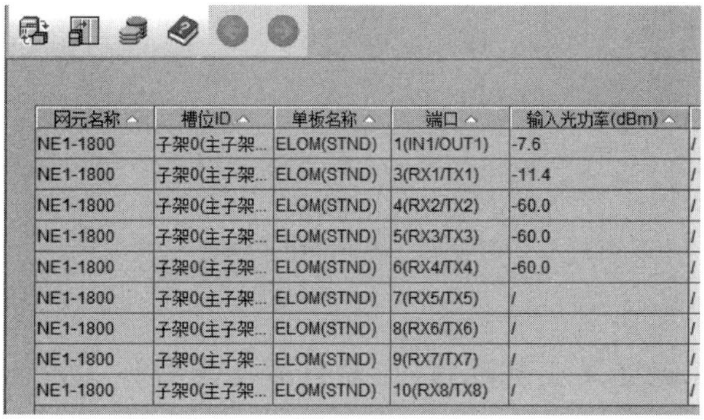

网元名称 ∧	槽位ID ∧	单板名称 ∧	端口 ∧	输入光功率(dBm) ∧	
NE1-1800	子架0(主子架...	ELOM(STND)	1(IN1/OUT1)	-7.6	/
NE1-1800	子架0(主子架...	ELOM(STND)	3(RX1/TX1)	-11.4	/
NE1-1800	子架0(主子架...	ELOM(STND)	4(RX2/TX2)	-60.0	/
NE1-1800	子架0(主子架...	ELOM(STND)	5(RX3/TX3)	-60.0	/
NE1-1800	子架0(主子架...	ELOM(STND)	6(RX4/TX4)	-60.0	/
NE1-1800	子架0(主子架...	ELOM(STND)	7(RX5/TX5)	/	/
NE1-1800	子架0(主子架...	ELOM(STND)	8(RX6/TX6)	/	/
NE1-1800	子架0(主子架...	ELOM(STND)	9(RX7/TX7)	/	/
NE1-1800	子架0(主子架...	ELOM(STND)	10(RX8/TX8)	/	/

图 3.41　查询结果

点击下面的滑动框并向右侧拉,还可以看到光模块的收光范围,这个功能很实用。如图 3.42 所示,ELOM 板的波分侧光口的收光范围为－2 dBm～－16 dBm,ELOM 板客户侧的第一个光口收光范围为－4 dBm～－18 dBm,依次类推可查看其他光口的收光范围。

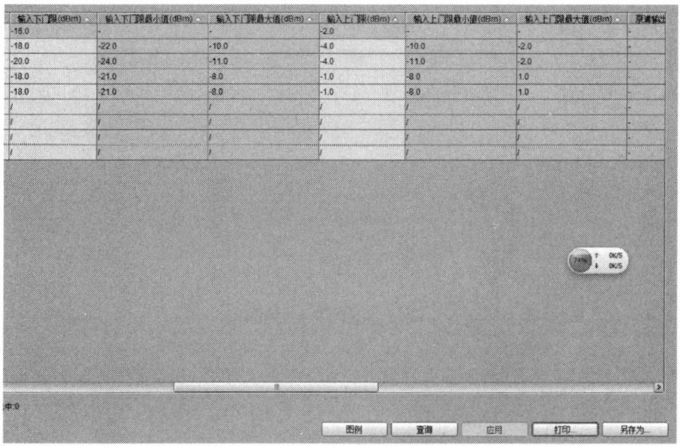

图 3.42　查询收光范围

2)查询光模块信息演示

在刚才的网元面板上,把鼠标放在要查询的板件上并点击鼠标右键,在弹出的菜单中选择"单板制作信息"即可,这里以 ELOM 板为例,查询结果如图 3.43 所示。

从查询到的信息可以看出 1 槽位的 ELOM 板的 PORT1 端口是一个 10 G 的光模块,40 千米的传输距离,发光二极管为 PIN 管。PORT1 和 PORT2 为波分侧光口,PORT2 口上没有插光模块。

图 3.43　查询光模块信息

3.2.3　OTN 电交叉业务配置(点对点业务配置)

任务:完成从 Optix OSN180-10 到 Optix OSN6800 设备点对点电交叉业务的配置。

步骤一:OSN1800-1 配置交叉业务。

(1) 配置工作模式。拓扑图上双击 1800-1 光网元,进入网元管理器,在网元管理器中选择"ELOM 单板",在功能树中选择"配置→工作模式",如图 3.44 和图 3.45 所示。

图 3.44　选择工作模式

图 3.45　工作模式配置完成

此单板默认的单板工作模式为 1 ＊ AP8 通用模式,不需要更改。下面设定端口的工作模式,客户侧 2 光口的速率为 1.3 G,可以承载 STM-1、STM-4、FC100、FC200、GE 等业务,所以选择 2 光口的工作模式为 ODU0 非汇聚模式,点击"应用"。

(2) 配置端口的业务类型和时隙模式。在网元管理器中选择"ELOM 单板",在功能树中选择"配置→WDM 接口",会弹出波分接口通道的基本属性,在基本属性中选择要配置端口的业务类型,本实习配置网管 RX2/TX2 接口的类型为 STM-1,如图 3.46 所示。

图 3.46　基本属性配置

点击"高级属性",设置波分侧端口的 ODU 时隙配置模式为"自动连续"(自动随机可选,自动随机为信号从 ANY 封装成 ODU0 直接封装成 ODU2,自动连续中间经过 ODU1 的封装),如图 3.47 所示,配置电交叉业务的两端要保持一致,否则业务会出问题。

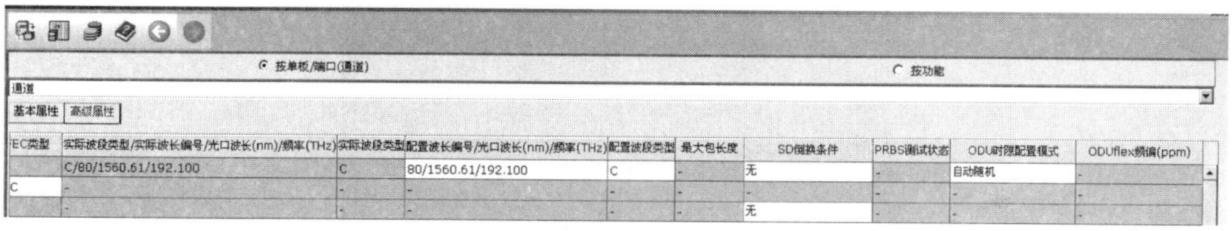

图 3.47　ODU 时隙配置

(3) WDM 业务配置。在网元管理器中功能树中选择"配置→WDM 业务管理",如图 3.48 所示。

图 3.48　WDM 业务配置

点击"新建"出现新建交叉业务框,在新建交叉业务框中配置交叉业务。根据前面的 ELOM 配置交叉说明,我们需要配置两条交叉,一条是从客户口进入 LP1 端口的业务,另一条是从 LP1 端口到 OTU2 的业务。

在弹出的新建交叉业务框中,选择级别为"ANY",业务类型为"STM-1",方向为"双向",在源槽位中点击右面的选择框会出现可供选择的源槽位,在出现的源槽位选择框中选择"4(RX2/TX2)"点击"确定",在宿槽位中选择"202(ClientLP2/ClientLP2)"点击"应用",如图 3.49 所示。

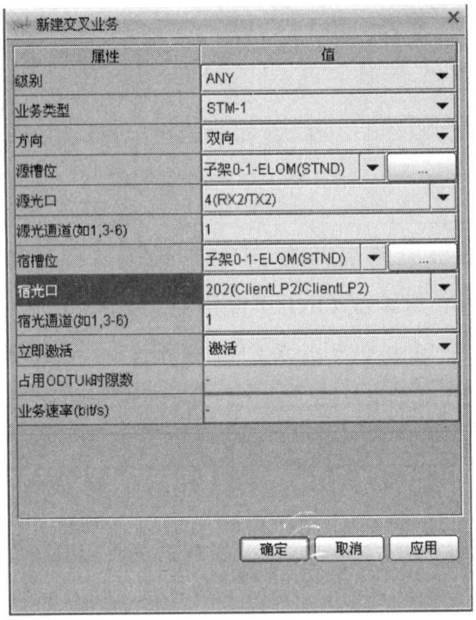

图 3.49 新建交叉业务(一)

接下来创建另外一条交叉,从 202(ClientLP1/ClientLP1)到 ODU2 的业务。新建业务,在新建业务框中选择业务级别为"ODU0",方向为"双向",源槽位为"202(ClientLP2/ClientLP2)",宿槽位为"OCH:1-ODU2:1-ODU1:2-ODU0:1"。这条交叉的意思为从 202(ClientLP2/ClientLP2)过来的 STM-1 信号,封装进第二个 ODU1 中的第一个 ODU0 再到 ODU2 上波分,如图 3.50 所示。

配置完成后会发现在 WDM 业务管理界面中多出以下两条业务,如图 3.51 所示,这两条业务即是配置的 STM-1 级别的交叉连接。

步骤二:Optix OSN6800 设备配置交叉业务。

首先,配置 4-LOA 板端口工作模式,按图 3.52 设置 1 端口的工作模式为"ODU0 非汇聚模式"。

其次,配置端口的业务类型,如图 3.53 所示,在单板所在的 WDM 接口中设置成要对接的业务类型。如图 3.52 所示,把逻辑通道 201 设置为 STM-1 级别的业务类型。

图 3.50　新建交叉业务(二)

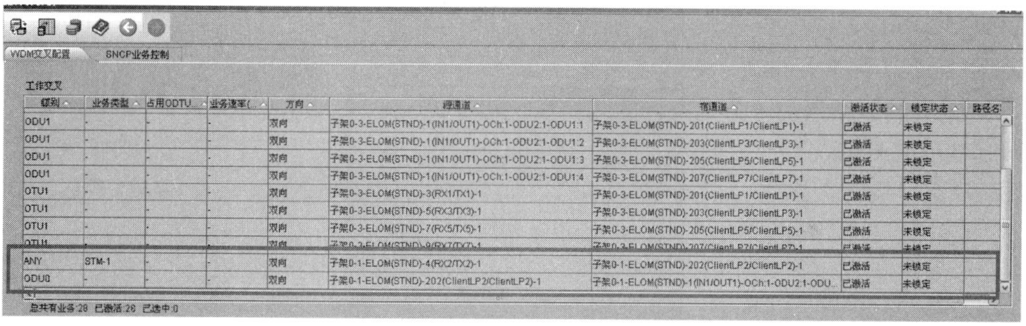

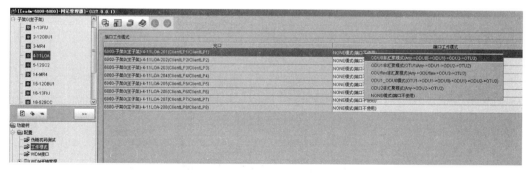

图 3.51　Optix OSN1800-1 WDM 业务管理界面

图 3.52　配置工作模式

　　配置交叉业务时,STM-1 级别的业务需要配置两条交叉连接,一条从客户口到对应的逻辑通道,另一条从逻辑通道到 OCH(光通道),如图 3.54 和图 3.55 所示。在网元管理器中功能树中选择"配置→WDM 业务管理"进入业务配置界面,查询建好的两条业务。

图 3.53 配置端口的业务类型

图 3.54 新建交叉业务(一)

图 3.55 新建交叉业务(二)

　　配置完成后会发现在 WDM 业务管理界面中多出以下两条业务,如图 3.56 所示,这两条业务即是我们配置的 STM-1 级别的交叉连接。

图 3.56　Optix OSN6800 WDM 业务管理界面

　　注意:这里创建的 OCH:1-ODU2:1-ODU1:2-ODU0:1 一定要和 OSN1800-1 的对接光口的时隙一致,否则业务不通。业务用的是第一个 ODU2 中的第二个 ODU1 中的第一个 ODU0 进行封装和解封装。

　　步骤三:ODF 架跳纤。

　　NE22 设备 1-OI2D-1 光口与 Optix OSN1800-1 设备 ELOM 板客户侧 2 光口对接,NE23 设备 1-OI2D-2 光口与 Optix OSN6800 设备 4-LOA 板的 1 光口对接,通过 ODF 用跳纤把光口对接起来。

　　① OTN 波长转换板尾纤布放所对应的 ODF 架端口如图 3.57 所示,所对应的设备端口如图 3.58 所示。

in out	in out	in out	in out	in out	in out
in out	in out	in out	in out	in out	in out
in out	in out	in out	in out	in out	in out
in out	in out	in out	in out	in out	in out

图 3.57　OTN 设备所使用的 ODF 架所对应的端口

Optix OSN1800-1					
1-ELOM-1	1-ELOM-2	1-ELOM-3	1-ELOM-4		
3-ELOM-1	3-ELOM-2	3-ELOM-3	3-ELOM-4	3-ELOM-5	3-ELOM-6
Optix OSN6800					
4-LOA-1	4-LOA-2	4-LOA-3	4-LOA-4		
Optix OSN1800-2					
1-ELOM-1	1-ELOM-2	1-ELOM-3	1-ELOM-4		

图 3.58　OTN 设备对应 ODF 架的端口

　　② SDH 设备与波分设备对接跳纤如图 3.59 所示。

　　a. 跳接 NE22 设备 1-OI2D-1 光口和 Optix OSN1800-1 设备 1-ELOM 板客户侧 2 光口。

b. 跳接 NE23 设备 1-OI2D-1 光口和 Optix OSN1800-1 设备客户侧 2 光口。

图 3.59　SDH 设备与波分设备对接跳纤

实验室 OTN 设备连线如图 3.60 所示。

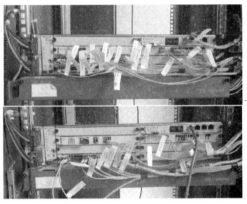

图 3.60　实验室 OTN 设备连线

步骤四:测试验证。

验证方法一:在电脑上,用已配置的以太网业务进行 ping 通实验。

验证方法二:进入 NE22 网元管理器,选择 2-EFS 板,在功能树中选择"以太网维护→以太网测试",在以太网测试列表中选择端口"2-EFS-VCTRUNK1",发送模式选择"Burs 模式",在发送测试帧个数中选择"10",点击右下角的"应用"按钮,开始测试。等待几秒钟后点击右下角"查询"按钮,查看 VCTRUNK1 中收到的应答测试帧计数器中返回值是多少,如图 3.61 所示,值应该为"0",因为对端没有环回。

进入 NE23 网元管理器,选择 2-EFS 板,在功能树中选择"以太网接口管理→以太网接口",在右面的界面中选择"外部端口",在 PORT1 端口中设置 MAC 环回为"内环回",如图 3.62 所示。

以太网测试列表

端口	发送模式	发送方向	发送测试帧个数	发送测试帧状态	发送的测试帧计数器	收到的应答测试帧计数器	收到的测试帧计数器
2-EFS-VCTRUNK1	Burst模式	SDH方向	10	/	/	/	/
2-EFS-VCTRUNK2	不使能	/	/	/	/	/	/
2-EFS-VCTRUNK3	不使能	/	/	/	/	/	/
2-EFS-VCTRUNK4	不使能	/	/	/	/	/	/
2-EFS-VCTRUNK5	不使能	/	/	/	/	/	/

图 3.61　测试业务通断

○ 内部端口　　◉ 外部端口

基本属性　流量控制　TAG属性　网络属性　高级属性

端口	名称	端口使能	工作模式	最大帧长度	端口物理参数	MAC环回	PHY环回
NE(9-12)-2-EFS-POR...	PORT-1	使能	自协商	1522		内环回	不环回
NE(9-12)-2-EFS-POR...	PORT-2	禁止	自协商	1522		不环回	不环回
NE(9-12)-2-EFS-POR...	PORT-3	禁止	自协商	1522		不环回	不环回
NE(9-12)-2-EFS-POR...	PORT-4	禁止	自协商	1522		不环回	不环回

图 3.62　环回设置

再次进入 NE22 网元管理器，选择 2-EFS 板，在功能树中选择“以太网维护→以太网测试”，在以太网测试列表中选择端口“2-EFS-VCTRUNK1”，发送模式选择“Burs 模式”，在发送测试帧个数中选择“10”，点击右下角的“应用”按钮，开始测试。等待几秒钟后点击右下角“查询”按钮，查看 VCTRUNK1 中收到的应答测试帧计数器中返回值是多少，应该为“10”，证明收到测试帧个数是 10，两端是互通的。

任务反思

1. OTN 的显著特点是什么？
2. 简述 OTN 维护信号的种类和功能。
3. 简述 OTN 的层次，列举各个层次的华为的代表性产品。
4. 简述 OTN 设备内部连纤的规律。
5. 请分析实训室 Optix OSN1800 和 Optix OSN6800 的主要单板种类及其作用。
6. 请说明实训室 Optix OSN1800-1 的 3-ELOM 板光模块配置情况。
7. 请画出实训室 Optix OSN1800-1 到 Optix OSN6800 西、Optix OSN6800 东到 Optix OSN1800-2 的内部连纤图。
8. LOA 单板支持哪五种端口模式？选择其中一种模式结合电交叉业务的配置进行说明。

第4章　光传输网的故障查询与维护

单元目的

通过对传输网络基础故障查询与维护的学习,普及传输故障查询与维护的方法与手段,提高传输设备维护的能力,深化对传输网排障的理解。

单元目标

1. 了解传输网维护的基本概念;

2. 熟悉传输设备的各类指示灯的告警;

3. 掌握各种维护的方法与手段。

单元学时

4 学时

4.1　维护的概述

4.1.1　主动性维护与被动性维护

现行光传输网采用"主动性维护为主,被动性维护为辅"的维护方式。无论是为了保障网络的 KPI 指标,还是降低重大故障发生的可能性,都必须采取积极主动的维护方式。同时,由于一些不可抗拒的因素导致了故障的发生,也需要快速、完好地恢复故障。

主动性维护一般可分为四个方面:

(1)作业维护计划;

(2)网络告警、性能分析;

(3)维护性优化:结构优化、光功率优化、误码优化、设备优化(温度、指针、激光器等）；

（4）网管优化（ECC 优化、DCN 优化）。

表 4.1 主动性维护和被动性维护的比较

比较内容	主动性维护	被动性维护
概念	通过对设备、线路的巡检以及网络告警、性能的主动分析,发现网络中存在的隐患,及时、主动地申请处理,避免发生故障并引发网络重大故障。例如:割接、优化等	故障即被动性维护,通过网管监控发现故障后再采取修复措施使网络运行安全
性质	在故障发生前,主动发现并申请处理	在故障发生后及时抢修、处理
维护内容	网管设备:①分析传输网运行的误码、光功率、温度等性能值以及告警参数,发现网络中存在的安全隐患,并跟踪处理;②熟悉并掌握网络的逻辑、物理组网情况	①及时定位故障类型和指挥故障处理;②记录下故障处理情况,包括故障发生、结束时间、原因、处理过程等
维护内容	线路维护:①主动巡检线路,及时发现并反馈线路隐患;②对重要施工段落进行盯防;③及时了解并掌握光缆的纤芯完好率和使用情况;④熟悉传输网的组网情况	①及时测试并确定故障点;②快速抢通光路;③及时记录故障原因和处理过程
维护内容	设备维护:①主动巡检机房、设备,及时发现并处理传输机房环境、电源等传输配套中存在的安全隐患;②定期清理设备防尘网;③熟悉传输网的组网情况;④熟悉维护中的注意事项	①积极配合网管定位故障点;②在网管支持下及时处理故障;③及时记录下故障处理的过程和原因
目的	①及时发现网络隐患并主动处理,保障网络 KPI 指标;②对设备、线路、网络进行例行维护,及时发现并处理小隐患和故障,避免发生重大故障的可能性	①快速、完好地恢复故障;②记录并统计分析故障

4.1.2 日常维护事项

（1）保持机房清洁干净,防尘防潮,防止鼠虫进入。

（2）每天参照《日常维护操作指导》中内容对设备进行例行检查和测试,并记录检查结果。

（3）每两周擦洗一次风扇防尘网,如果发现设备表面温度过高,应检查防尘网是否堵塞。风扇必须打开,风扇高速旋转时请勿接触风扇叶。

（4）维修设备时,请按华为公司的相应规范说明书进行,避免因人为因素而造成事故。

（5）对设备硬件进行操作时应戴防静电手腕。

（6）调整光纤和电缆一定要慎重,调整前一定要做标记,以防恢复时线序混乱,造成误接。

（7）定期检查线路,允许的情况下（如组网为自愈环）,建议每年对线路上的在用光纤和备用光纤进行质量测试。

（8）严格管理传输网管口令,定期更改,并只向维护责任人发放,系统级口令应该只能维护责任人掌握。

（9）严禁向传输网管计算机装入其他软件;严禁用传输网管计算机玩游戏;网管计算机应安装病毒实时检测软件,定期杀毒。

（10）网管计算机使用 UPS 供电,并定期备份数据。

表 4.2　设备例行维护周期和项目

周期	维护项目
每日	检查机房电源
	检查机房温度、湿度
	检查机房清洁度
	检查机柜指示灯
	检查单板指示灯
	检查设备声音告警
每月	检查风机盒和清洗防尘网
	检查公务电话
	测试误码
每季度	测试 MPI-S(Main Path Interface at the Transmitter)点信噪比
	测试 MPI-R(Main Path Interface at the Receiver)点信噪比
	检查机柜清洁
每年	检查接地线和电源线

4.2　维护要点及技能

4.2.1　维护要点及注意事项

维护人员必须随身携带各种必备工具和材料（如光功率计、光衰、尾纤、法兰盘等）,如果工具不齐全则会严重影响故障的判断和处理速度。

1. 设备的维护要点

（1）维护人员必须坚持"先保传输节点,后保基站设备供电"原则。在维护中,无论何时只要传输掉电,则必然会导致基站业务中断,并且传输节点掉电将影响大量业务,所以维护人员必须时刻按照"先传输后基站"的原则进行维护。

（2）维护人员应该熟悉所维护范围的组网情况,建立"全程全网"的概念。不同于交换和基站,传输必须具备"全程全网"的概念,不能只是把传输网元作为单个网元来看待,应该清楚其在网络中的地位。

（3）维护人员应按要求认真完成日常维护工作。定期清洗防尘网、检查机房环境等是维护人员必须完成的基本工作,需要特别注意防尘网的清洗工作。若发现异常要及时报告和处理。

2.　设备运行环境

（1）电源检查:保证 Optix OSN 设备正常工作的直流电压:−48 V;允许的电压波动范围是:−48 V+20%(−38.4 V～−57.6 V)。

（2）确保设备良好接地:设备采用联合接地,接地电阻应良好(要求小于 1 欧姆),否则会被雷击,打坏设备。

（3）保证稳定的温度、湿度范围

① 长期工作温度:0 ℃～40 ℃,短期工作温度:−5 ℃～45 ℃,机房温度最好保持在20 ℃左右。

② 长期工作湿度:10%～90%,短期工作湿度:5%～95%,机房湿度最好保持在60%左右。

（注:短期工作条件是指连续工作时间不超过 48 小时,并且每年累计时间不超过 15 天。）

3.　激光安全注意事项

1）人身安全

光接口板激光器发送的激光为不可见的红外光,激光在照射人眼时可能会对眼睛造成永久性伤害,所以在设备维护的过程中,应避免激光照射到人眼。

2）设备的损坏

（1）对于光接口板上未使用的光接口和尾纤上未使用的光接头,应用防尘帽遮盖。

（2）用尾纤对光口进行硬件环回测试时一定要加衰耗器。

（3）避免随意调换光接口板和光模块。

（4）在使用 OTDR(Optical Time Domain Reflectometer)测试仪时,需要断开对端站与光接口板相连的尾纤。

4.　电气安全注意事项

1）防静电注意事项

在接触设备、单板、IC(Integrated Circuit)芯片等之前,必须佩戴防静电手腕,并将防静电手腕的另一端插在设备子架的防静电端上,确保人与设备处在相同电位上。

2）电源维护注意事项

（1）严禁带电安装、拆除设备。

（2）严禁带电安装、拆除设备电源线。

（3）在连接电缆之前，必须确认电缆、电缆标签与实际安装是否相符。

5．单板维护

（1）防静电：单板在不使用时要保存在防静电袋内；拿取单板时要戴好防静电手腕，并保证防静电手腕良好接地。

（2）防潮和防静电保护袋中一般应放置干燥剂，用于吸收袋内空气的水分，保持袋内的干燥。

（3）单板机械安全：单板在运输中要避免震动，震动极易对单板造成损坏。

6．检查设备散热

（1）定期清洗风扇盒防尘网。通常至少两个月清洗一次，对于环境较差的机房，需要缩短清洗周期。

（2）子架上散热孔不应有杂物（如 2M 线缆、尾纤等）。

（3）日常检查单板是否发烫，子架通风口风量是否正常。

（4）可在网管上监视机柜内温度，在 PMU（电源监控板）上可设置温度门限（一般设置为 40 ℃）；也可通过查看性能监视，检查设备的实际温度值。

7．调节机械可调衰减器

日常维护中，如果需要调节机械可调衰减器，一定要注意调节杆的旋转方向：顺时针旋转，衰减值增大，输出光功率降低；反之，衰减值变小，光功率提高。调节时，特别注意放慢旋转速度，用力要稳。

4.2.2　常见的维护技能

1．复位单板

1）复位 SCC 主控板

（1）利用网管系统对 SCC 板进行软复位；

（2）按下 SCC 板上的复位按钮，对 SCC 板进行硬复位；

（3）拔插 SCC 板，对 SCC 板进行硬复位。

2）复位其他单板

（1）利用网管系统对其他单板进行软复位和硬复位；

（2）拔插单板，对单板进行硬复位。

2．告警切除

（1）拨动 SCC 板上的"ALC"开关（向下拨再复原）。

注意:SCC 板上 ALC 开关平时应处于打开状态(向上拨的状态)

(2) 利用"警声切除"开关(MUTE),此开关位于机柜顶部的电源盖板后。

3. 环回操作

(1) 软件环回:通过网管设置环回;SDH 接口的软件环回是指网管中的"VC4 或光电口环回"设置,也分为内环回和外环回,如图 4.1 所示。

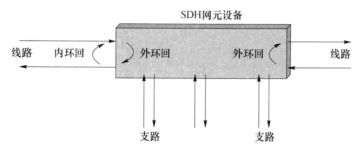

图 4.1 SDH 接口的软环回(网管操作)

(2) 硬件环回:人工用尾纤、自环电缆对光口、电口进行环回操作,如图 4.2 所示。

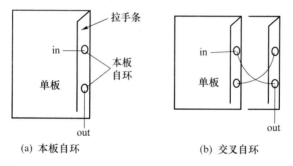

(a) 本板自环　　　　　　　(b) 交叉自环

图 4.2 SDH 接口的硬环回(硬件自环时一定要加衰耗器)

(3) 内环回:执行环回后的信号流向本 SDH 网元内部,如图 4.3 所示。

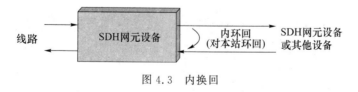

图 4.3 内换回

(4) 外环回:执行环回后的信号流向本 SDH 网元外部,如图 4.4 所示。

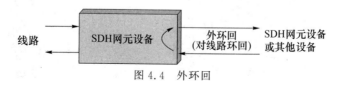

图 4.4 外环回

4. 单板的插拔和更换

1）单板拔出的正确方法

首先完全拧松单板拉手条上下两端的锁定螺钉,然后同时向外扳动拉手条上的扳手至单板完全拔出,如图 4.5 所示。

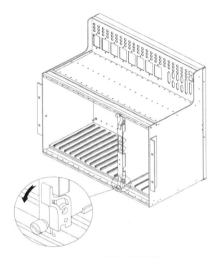

图 4.5　单板的插拔

2）单板插入的正确方法

插入单板时,先将单板的上下边沿对准子架的上下导槽,沿上下导槽慢慢推进,直至单板刚好嵌入母板。

注意:不要强行插单板,避免倒针。

3）单板的更换

更换单板时,首先确认换上的板子和换下的板子是同一种具体型号;此型号标识在单板的上部或单板拉手条上,如图 4.6 所示(右手拿单板拉手条,面向单板正面时)。

图 4.6　单板更换

4）更换 SCC 板

由于 SCC 板是整个网元的主控板，驻留有网元 ID、主控软件和配置数据，所以 SCC 板的更换不像其他单板只要相同型号即可更换，对各类传输设备而言，有以下特别需要注意的地方：

（1）更换 SCC 板前，需要重新设置拨码 ID。

（2）更换 SCC 板后，需要重新下发网元配置数据。

5）单板地拔插和更换注意事项

（1）任何时候接触单板都要戴防静电手腕，不能用手直接触摸印刷电路板。

（2）不能将单板放置在水泥地板上，也不能放在设备、ODF 架上，应放进防静袋中。

表 4.3 更换单板的注意事项

	主要工作	注意事项
更换前	检查单板版本，详细的单板信息可从条形码中获得	熟练掌握《通用注意事项》中的各项操作方法； 注意单板上跳线、拨码开关的设置； 注意光接口板的输入光功率的范围； 如果单板的拉手条有纤缆，应先移去； 注意拉手条的宽度
更换中	佩戴防静电手腕，正确拔插单板	防止短路； 避免单板激光对人眼的伤害
更换后	检查单板是否正常工作，并在网管上重新下发配置	对于 SCC 板，要将网管上的配置文件备份到 SCC 板中

4.3 常见指示灯

4.3.1 机柜指示灯

机柜指示灯说明如表 4.4 所示。

表 4.4 机柜指示灯的说明

指示灯	状态	说明
电源正常指示灯——Power(绿色)	亮	设备电源接通
	灭	设备电源没有接通
紧急告警指示灯——Critical(红色)	亮	设备发生紧急告警
	灭	设备无紧急告警

指示灯	状态	说明
主要告警指示灯——Major(橙色)	亮	设备发生主要告警
	灭	设备无主要告警
一般告警指示灯——Minor(黄色)	亮	设备发生一般告警
	灭	设备无一般告警

4.3.2　常见的单板指示灯

常见单板指示灯如表4.5、表4.6和表4.7所示。

表 4.5　常见单板指示灯一

指示灯	指示灯状态	状态描述
STAT	亮(绿色)	单板工作正常
	亮(红色)	单板硬件故障或未安装接口板
	100 毫秒亮,100 毫秒灭(红色)	单板硬件不匹配(如业务板与接口板不匹配)
	灭	单板没有上电
PROG	亮(绿色)	FLASH 中单板软件或 FPGA 存储加载正常,或者单板软件初始化正常
	100 毫秒亮,100 毫秒灭(绿色)	正在向 FLASH 或 FPGA 中加载单板软件
	300 毫秒亮,300 毫秒灭(绿色)	单板软件正在初始化,正处在 BIOS 引导阶段
	亮(红色)	FLASH 中单板软件或 FPGA 丢失,加载不成功,初始化不成功
SRV (业务板)	亮(绿色)	业务工作正常,没有任何业务告警产生
	亮(红色)	业务有危急或主要告警
	亮(黄色)	业务有次要和远端告警
	灭	没有配置业务
ACT (业务板)	亮(绿色)	单板处于激活状态;在 TPS 保护模式下:如果发生倒换,保护板工作,则保护板点亮该灯;无 TPS 倒换时,工作板处于工作状态,工作板点亮该灯
	灭	单板处于非激活态,可以拔板

表 4.6　常见单板指示灯二

指示灯	指示灯状态	状态描述
ACT(XCS,SCC)	亮(绿色)	主用
	灭	备用
SRV(XCS)	亮(绿色)	业务工作正常,没有任何业务告警产生
	亮(红色)	发生页面倒换,如 PS
	亮(黄色)	页面溢出等其他告警、温度越限

指示灯	指示灯状态	状态描述
SRV(SCC)	亮(绿色)	业务工作正常,没有任何业务告警产生
	亮(红色)	子架有危急和重要告警
	亮(黄色)	子架有次要和远端告警
SYNC(XCS)	亮(绿色)	时钟工作正常
	亮(红色)	时钟源丢失或时钟源倒换
PWRA(SCC)	亮(绿色)	A 路——48 V 电源正常
	亮(红色/灭)	A 路——48 V 电源故障(丢失或防雷失效)
PWRB(SCC)	亮(绿色)	B 路——48 V 电源正常
	亮(红色/灭)	B 路——48 V 电源故障(丢失或防雷失效)
PWRC(SCC)	亮(绿色)	系统 3.3 V 保护电源正常
	亮(红色)	系统 3.3 V 保护电源丢失
ALMC(SCC)	亮(黄色)	告警声音永久切除(长按 5s 实现,再次长按则打开)
	灭	正常,有告警就响,短按切除告警声音,下次依然

表 4.7　常见单板指示灯三

指示灯	指示灯状态	状态描述
ACTX(XCS)	亮(绿色)	主用
ACTC(SCC)	灭	备用
SRVX(XCS)	亮(绿色)	业务工作正常,没有任何业务告警产生
	亮(红色)	发生页面倒换,如 PS
	亮(黄色)	页面溢出等其他告警,温度越限
SRVL(线路)	亮(绿色)	业务工作正常,没有任何业务告警产生
	亮(红色)	业务有危急或主要告警
	亮(黄色)	业务有次要和远端告警
	灭	没有配置业务

4.4　常见故障处理方法及案例分析

常见故障处理方法如下:

先定位外部,后定位传输;

先定位单站,后定位单板;

先高速部分,后低速部分;

先分析高级别告警,后分析低级别告警。

误码类故障定位步骤如图 4.7 所示。

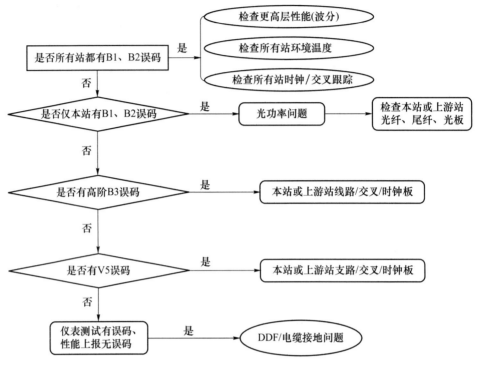

图 4.7　误码类故障定位步骤

案例:环路双断案例分析,如图 4.8 所示。

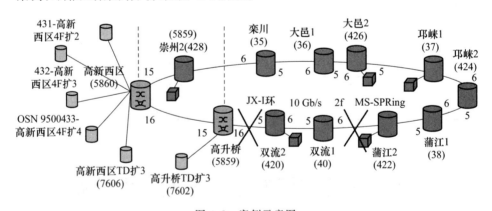

图 4.8　案例示意图

1月3日3时38分,××郊县10 G 骨干Ⅰ环双流分公司至高升桥互报 RLOS 告警、AE 环蒲江华峰印务至高升桥互报 RLOS 告警。由于未及时收到故障工单,网管10点才发现该故障,维护人员随即开始进行故障抢修,在测试和抢修过程中,由于蒲江印务机房内维护人员操作不当,引起Ⅰ环上蒲江华峰印务至双流传输设备产生 R_LOS 告警,导致高升桥至双流、双流至蒲江 10G 骨干环路两处中断,传输环路保护倒换功能失效,从而导致承载的 163 个基站业务中断。11 时 11 分,维护人员恢复了蒲江机房 ODF 至设备间的尾纤,蒲江至双流传输主光路恢复,中断的 163 个基站也随之恢复,历时 15 分钟。12 时 45 分,经线路抢修人员紧急抢修,高升桥至双流光缆故障消除。

分析总结:

(1) 网管监控系统运行存在漏洞,自动故障派单不及时。××本地网在 3 时 38 分发生骨干环线路故障后,因传输综合网管采集 EMS 网管告警上报存在延迟,未能及时自动派单。值班人员在 10 点发现网管问题后,核对了 EMS 网管告警并手工派发故障工单,造成分公司未能第一时间得到环上单点中断的故障通知,对第一断点和故障处理造成了延误。

(2) 故障抢修过程存在疏漏。本次重大故障主要原因是维护人员故障抢修过程存在疏漏,现场抢修人员因操作不当原因造成本地骨干环路第二处故障,最终导致传输环路光路中断,形成环网双断并最终影响业务。

(3) 本地传输网部分光缆线路存在安全风险。通过故障统计、分析发现,××年 4 季度××传输本地网高升桥至双流共发生 4 次光缆故障,与 1 月 3 日发生的故障段落同为××红牌楼、簇桥附近通信管道光缆被破坏引起。由于该地段为城乡结合部环境较为复杂,市政建设施工频繁,通信管线受人为破坏和盗割影响较大。

4.5　影响网络运行的操作

影响网络运行的操作如表 4.8 所示。

表 4.8　影响网络运行的操作

序号	操作名称	影响
1	复位单板	可能中断业务
2	初始化网元数据	丢失网元侧数据
3	初始化网管数据	丢失网管侧数据
4	下载	用网管侧的数据覆盖网元侧数据,如网管侧数据不正确,可能导致业务中断
5	上载	丢失该网元在网管侧的原有数据
6	粘贴	在网管侧,用一个网元的数据覆盖其他网元的数据
7	导入全网配置文件	覆盖原有的网络配置数据
8	导入网元配置文件	覆盖原有的网元配置数据
9	导入网元列表文件	覆盖原有的网元列表

序号	操作名称	影响
10	清除单板数据备份	丢失单板原有的备份数据
11	设置 PDH 通道属性	改变 PDH 通道属性,如设置不正确,可能导致该通道业务中断
12	设置激光器开关	关断激光器开关,可能导致该光口业务中断
13	环回任何端口或通道	该端口或通道业务中断
14	设置开销字节	设置不正确,可能导致该通道业务中断
15	2M 伪随机码测试	该通道业务中断
16	删除保护组	原有保护失效,可能导致业务中断
17	执行任何保护倒换	可能导致被保护业务中断
18	删除业务或路径	该业务或路径中断
19	去激活业务或路径	可能导致该业务或路径中断
20	删除 ATM 流量	可能导致该 ATM 业务中断
21	去激活 ATM 流量	可能导致该 ATM 业务中断
22	删除 ATM 交叉连接	该 ATM 业务中断
23	去激活 ATM 交叉连接	可能导致该 ATM 业务中断
24	启停任何协议	可能导致业务中断
25	设置网元基本通信	可能导致该网元通信中断
26	设置 DCC 接入控制	可能导致该网元通信中断
27	设置网元登录锁定/解锁状态	影响网元安全管理
28	设置 LCT 接入允许/禁止状态	影响网管安全管理
29	删除当前告警	丢失告警信息,影响网管对网络的监控
30	清除网元所有告警	丢失告警信息,影响网管对网元的监控
31	清除网元告警声光指示	影响对网元状态的监控
32	设置告警屏蔽	出现被屏蔽告警对应的故障时,网管无法监测
33	设置告警反转模式	影响对网元告警的监控
34	复位性能寄存器	丢失性能计数
35	修改路径	可能导致路径业务中断
36	设置路径追踪字节	可能导致业务中断
37	设置路径 C2 字节	可能导致业务中断
38	设置路径开销终结	可能导致业务中断
39	设置 B 字节误码告警门限	可能导致业务中断
40	删除纤缆	丢失原有的纤缆数据
41	删除保护子网	原有保护失效,可能导致业务中断
42	删除出子网光口	丢失出子网光口信息,影响业务配置
43	从网络侧删除数据	丢失保护子网、路径等网络数据
44	删除 SNCP 节点	原有 SNCP 保护失效,可能导致业务中断

序号	操作名称	影响
45	修改保护子网参数	改变保护方式,可能导致业务中断
46	扩容:单板变化、新增扩展子架、增加保护节点	可能导致业务中断
47	初始化数据库	丢失所有网管数据
48	删除客户侧 1+1 波长保护	可能导致业务中断
49	删除板间波长保护	可能导致业务中断
50	删除 WXCP 保护	可能导致业务中断
51	删除 TPS 保护	可能导致业务中断
52	删除 DPPS 保护	可能导致业务中断

任 务 反 思

1. Optix 传输设备维护对环境有哪些基本要求?

2. Optix 传输设备例行维护包括哪些基本内容? 维护周期如何?

3. 请分析哪些网元上出现了 R-LOS 告警,产生此告警的原因是什么?

4. 请分析哪些网元上有 TU-AIS 告警,产生此告警的原因是什么?

5. 请描述传输设备维护主动性和被动性维护的比较。

6. 请简述现行设备维护方式。

7. 请描述传输设备的维护要点。

8. 请简述传输设备的运行环境。

9. 请简述传输设备的维护注意事项。

10. 请描述设备例行维护周期和项目。

11. 请描述传输设备的光功率测试。

12. 请描述传输设备的复位单板。

13. 请描述传输设备的环回操作。

14. 请描述传输设备的检查设备。

15. 请描述传输设备的故障定位基本原则。

16. 请描述传输设备的故障处理方法。

参 考 文 献

［1］ 李世银,李晓滨.传输网络技术.北京:人民邮电出版社,2018.06

［2］ 周海涛.光传输线路与设备维护.北京:人民邮电出版社,2013.07

［3］ 华为通信技术有限公司.手把手教你做业务4.0平台［EB/OL］.(2012-02-29)
［2020-03-11］.https：//wenku.baidu.com/view/d5170424af45b307e8719780.html.

［4］ 中国联通遵义分公司移动运行维护和网优中心.T2000传输网管操作指南［EB/
OL］.(2015-08-17)［2020-03-18］.https：//wenku.baidu.com/view/59d4e51444316
90d6c7d1.html?fr＝search.

［5］ 华为通信技术有限公司.U2000网元软件管理［EB/OL］.(2015-09-09)［2020-04-13］.
https：//wenku.baidu.com/view/24f9ee15d4d8d15abf234e95.html.

［6］ 华为通信技术有限公司.OSN3500基础知识［EB/OL］.(2012-04-10)［2020-04-12］.
https：//wenku.baidu.com/view/c436de130b4e767f5acfce84.html.

［7］ 华为通信技术有限公司.OSN1500基础知识［EB/OL］.(2020-03-28)［2020-04-12］.
https：//wenku.baidu.com/view/8f908feb0166f5335a8102d276a20029bc64635d.html.

［8］ 华为通信技术有限公司.Optix OSN 7500系统硬件［EB/OL］.(2020-04-22)［2020-05-
06］.https：//wenku.baidu.com/view/68d84f58dbef5ef7ba0d4a7302768e9951e76ea7.html.

［9］ 华为通信技术有限公司.Optix OSN 1800 V100R002硬件描述［EB/OL］.(2018-10-
12)［2020-05-06］.https：//wenku.baidu.com/view/9454b258f02d2af90242a8956bec097
5f565a450.html.

［10］ 华为通信技术有限公司.Optix OSN 6800系统硬件与组网［EB/OL］.(2019-11-23)
［2020-04-25］.https：//wenku.baidu.com/view/2d2603a4b42acfc789eb172ded630b1c5
8ee9bd7.html.

［11］ 华为通信技术有限公司.TA105208 Optix OSN 1500/2500/3500日常维护［EB/
OL］.(2011-08-15)［2020-05-11］.http：//www.doc88.com/p-291590461045.
html.

［12］ 单滤斌.传输网络基本知识及设计流程［EB/OL］.(2019-09-24)［2020-05-03］.
https：//wenku.baidu.com/view/125ee28ffbd6195f312b3169a45177232e60e46d.

html.

[13]　本地网.干线传输网的基本概念及特点［EB/OL］.（2020-05-03）［2020-05-24］.
　　　https：//wenku.　baidu.　com/view/c852e17f356baf1ffc4ffe4733687e21af45ffb4.
　　　html.

[14]　华为通信技术有限公司.电信网络基础［EB/OL］.（2019-10-27）［2020-05-24］.
　　　https：//wenku.　baidu.　com/view/4fbdc9957dd184254b35eefdc8d376eeafaa1714.
　　　html.

[15]　四川邮电职业技术学院.光纤通信教研组.校本教材.光通组网配置维护实训指导
　　　书.2019